Drei Schritte zum effektiven und effizienten Risikomanagement nach DIN ISO 31000

Jetzt diesen Titel zusätzlich als E-Book downloaden und 70 % sparen!

Als Käufer dieses Buchtitels haben Sie Anspruch auf ein besonderes Kombi-Angebot: Sie können den Titel zusätzlich zum Ihnen vorliegenden gedruckten Exemplar für nur 30 % des Normalpreises als E-Book beziehen.

Der BESONDERE VORTEIL: Im E-Book recherchieren Sie in Sekundenschnelle die gewünschten Themen und Textpassagen. Denn die E-Book-Variante ist mit einer komfortablen Volltextsuche ausgestattet!

Deshalb: Zögern Sie nicht. Laden Sie sich am besten gleich Ihre persönliche E-Book-Ausgabe dieses Titels herunter.

In 3 einfachen Schritten zum E-Book:

❶ Rufen Sie die Website **www.beuth.de/e-book** auf.

❷ Geben Sie hier Ihren persönlichen, nur einmal verwendbaren E-Book-Code ein:

28710D9BFF59C65

❸ Klicken Sie das „Download-Feld“ an und gehen dann weiter zum Warenkorb. Führen Sie den normalen Bestellprozess aus.

Hinweis: Der E-Book-Code wurde individuell für Sie als Erwerber dieses Buches erzeugt und darf nicht an Dritte weitergegeben werden. Mit Zurückziehung dieses Buches wird auch der damit verbundene E-Book-Code für den Download ungültig.

Drei Schritte zum effektiven und effizienten Risikomanagement nach DIN ISO 31000

Three Steps Starting Effective and Efficient Risk Management according to ISO 31000

Frank Herdmann

Drei Schritte zum effektiven und effizienten Risikomanagement nach DIN ISO 31000

Three Steps Starting Effective and Efficient Risk Management according to ISO 31000

1. Auflage 2018
1st edition 2018

Herausgeber/Edited by:
DIN Deutsches Institut für Normung e.V.

Beuth Verlag GmbH · Berlin · Wien · Zürich

Herausgeber/Edited by: DIN Deutsches Institut für Normung e. V.

Berlin · Wien · Zürich
Am DIN-Platz
Burggrafenstraße 6
10787 Berlin

Telefon/Phone: +49 30 2601-0
Telefax/Fax: +49 30 2601-1260
Internet/Website: www.beuth.de
E-Mail/e-mail: kundenservice@beuth.de

Titelbild/Cover picture/Coverdesign: © Fotolia, psdesign1
Satz/Typesetting: Sabine Wasser, Berlin
Druck/Printing: Drukarnia Leyko sp. z.o.o., Kraków
Gedruckt auf säurefreiem, alterungsbeständigem Papier nach DIN EN ISO 9706
Printed on acid-free permanent paper as in DIN EN ISO 9706

ISBN 978-3-410-28710-0
ISBN (E-Book) 978-3-410-28711-7

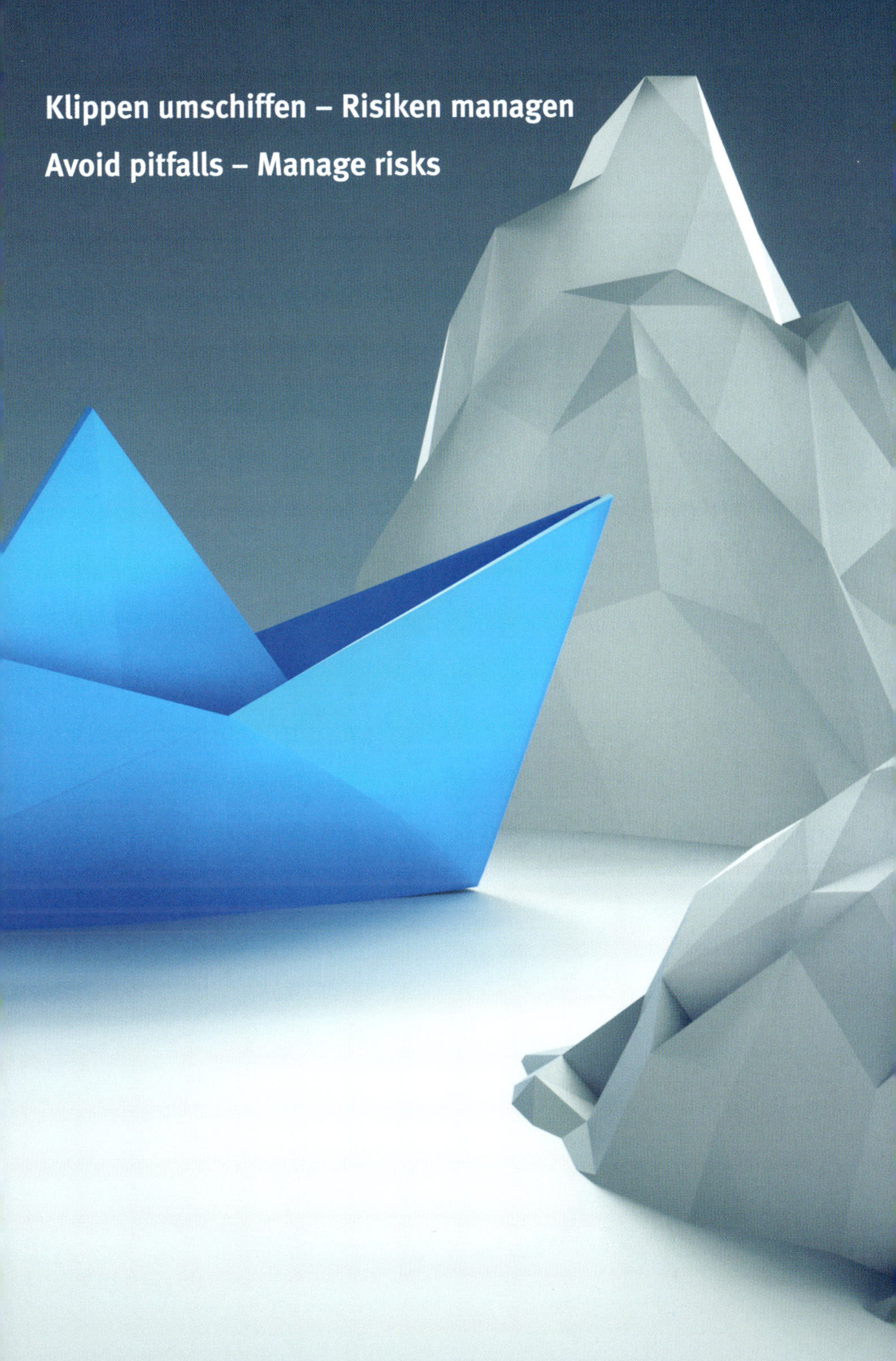
Klippen umschiffen – Risiken managen
Avoid pitfalls – Manage risks

Content

Inhaltsverzeichnis

Abbreviations

IEC International Electrotechnical Commission, based in Geneva, Switzerland

IEC is the world's leading organization that prepares and publishes International Standards for all electrical, electronic and related technologies.

ISO International Organization for Standardization, based in Geneva, Switzerland

ISO is an independent, non-governmental international organization with a membership of 161 national standards bodies. Through their members, they bring together experts to share knowledge and develop voluntary, consensus-based, market relevant International Standards that support innovation and provide solutions to global challenges.

PDCA Plan – Do – Check – Act; an iterative four step management concept for continuous improvement in business made popular by W.E. Deming

SME Small and Midsize Enterprises – the criteria differ from country to country; according to the European Commission the following criteria are applicable[1)]:

Micro: less than 10 employees and less than 2 million EUR turnover or balance sheet less than 2 million EUR

Small: less than 50 employees and less than 10 million EUR turnover or balance sheet less than 10 million EUR

Medium: less than 250 employees and less than 50 million EUR turnover or balance sheet less than 43 million EUR

1 Website of the European Commission: http://ec.europa.eu/growth/smes/business-friendly-environment/sme-definition/index_en.htm

Abkürzungsverzeichnis

IEC International Electrotechnical Commission, mit Sitz in Genf in der Schweiz

Die IEC ist die internationale Organisation für Normen im Bereich der Elektrotechnik (einschließlich Verteilung von Energie, Magnetismus, Elektroakustik, Telekommunikation und Medizintechnik) sowie Elektronik.

ISO International Organization for Standardization, mit Sitz in Genf in der Schweiz

ISO ist die internationale Vereinigung von Normungsorganisationen und erarbeitet Normen in allen Bereichen mit Ausnahme der Elektrik, Elektronik und Telekommunikation. Sie ist ein Verein nach schweizerischem Recht, hat 161 Mitglieder und vereint die Experten zur Entwicklung freiwilliger, auf Konsens basierender internationaler Normen mit Marktrelevanz zur Lösung globaler Herausforderungen.

PDCA Plan – Do – Check – Act, Planen – Handeln – Prüfen – Reagieren ist ein iteratives Managementkonzept in vier Schritten zur kontinuierlichen Verbesserung in der Unternehmenswelt, das von W.E. Deming bekannt gemacht wurde.

KMU Kleine und mittelständische Unternehmen – die Kriterien unterscheiden sich von Land zu Land; die Europäische Kommission verwendet folgende Kriterien[1]:

Micro: weniger als 10 Mitarbeiter und weniger als 2 Millionen EUR Umsatz oder eine Bilanzsumme unter 2 Millionen EUR

Small: weniger als 50 Mitarbeiter und weniger als 10 Millionen EUR Umsatz oder eine Bilanzsumme unter 10 Millionen EUR

Medium: weniger als 250 Mitarbeiter und weniger als 50 Millionen EUR Umsatz oder eine Bilanzsumme unter 43 Millionen EUR

1 Website der Europäischen Kommision: http://ec.europa.eu/growth/smes/business-friendly-environment/sme-definition/index_en.htm

ISO/TC 262 ISO Technical Committee no. 262, responsible for standardization in the field of risk management

ISO/TC 262 WG 2 Working group 2 of TC 262 titled ***Core Risk Management Standards*** and mandated with the revision of ISO 31000 (disbanded in 2018)

ISO/TC 292 ISO Technical Committee no. 292, responsible for standardization in the field of security to enhance the safety and resilience of society

ISO/TC 262 ISO Technical Committee Nr. 262, zuständig für die Normung von Risikomanagement

ISO/TC 262 WG 2 Arbeitsgruppe 2 des TC 262 mit dem Titel ***Core Risk Management Standards*** und verantwortlich für die Revision der ISO 31000 (2018 aufgelöst)

ISO/TC 292 ISO Technical Committee Nr. 292, zuständig für die Normung zur Stärkung von Sicherheit und Resilienz der Gesellschaft

Preface

Over the years the number of textbooks on the issues of risk management has been considerable. One might ask how necessary is a further book? In recent years, ISO 31000 has distinguished itself positively from other standards due to its practical relevance. This practical relevance is especially important for small and medium-sized enterprises which are still lacking in implementing a holistic risk management. With the concept of the event-driven process chain already in use in many companies, Frank Herdmann demonstrates how the implementation of a comprehensive risk management system can be designed. The standard will be soon adopted as a national German DIN standard and will be published in German. It therefore becomes necessary to further promote the implementation and integration of risk management into the corporate governance system.

The particular benefit of the present work lies, first, in the great topicality concerning the implementation of the new international standard for risk management, and additionally, in its bilingual approach of using the German and English languages. In particular for people who need to work in an international context or simply deal with risk management, this is a very good support for entry into this complex of topics.

I believe that this book can provide some ideas for setting up and developing a risk management system that will enable managers of small enterprises to deal professionally with the inevitable risks of doing business. In particular, the use of the event-driven process chain leads to a cost-efficient and effective implementation of the risk management process in companies.

I recommend this book for due attention from general managers, controllers, process owners and risk managers.

Berlin, May 2018

Prof. Dr. Thomas Henschel, MBA (UK)
Hochschule für Technik und Wirtschaft Berlin

Vorwort

Mittlerweile hat die Anzahl von Fachbüchern zu den Fragestellungen des Risikomanagements ein ansehnliches Ausmaß erreicht. Warum nun noch ein weiteres Buch? In den letzten Jahren konnte sich die ISO 31000 durch ihre Praxisrelevanz positiv von anderen Normen absetzen. Diese Praxisrelevanz ist vor allem für Kleine und Mittelständische Unternehmen wichtig, die nach wie vor noch zurückhaltend in Bezug auf die Implementierung eines ganzheitlichen Risikomanagements sind. Mit dem in vielen Unternehmen bereits im Einsatz befindlichen Konzept der ereignisgesteuerten Prozesskette zeigt Frank Herdmann auf, wie die Umsetzung eines umfassenden Risikomanagements gestaltet werden kann. Die Norm wird als nationale deutsche DIN-Norm übernommen und dafür demnächst auch in deutscher Sprache erscheinen. Sie wird die Implementierung und Integration des Risikomanagements in das Unternehmenssteuerungssystem weiter fördern.

Die Besonderheit des vorliegenden Werkes besteht zum einen in der großen Aktualität, was die Umsetzung der neuen internationalen Normen zum Risikomanagement betrifft, und zusätzlich in seiner Zweisprachigkeit in Deutsch und Englisch. Gerade für Personen, die sich im internationalen Kontext bewegen müssen oder sich einfach mit dem Risikomanagement beschäftigen wollen, ist dies eine sehr gute Unterstützung für den Einstieg in diesen Themenkomplex.

Ich bin davon überzeugt, dass Ihnen dieses Buch einige Anregungen zur Einrichtung und Weiterentwicklung Ihres Risikomanagements geben kann, die Sie dazu befähigen, mit den unvermeidlichen Risiken unternehmerischer Tätigkeit professionell umzugehen. Insbesondere der Einsatz der ereignisgesteuerten Prozesskette führt zu einer kostengünstigen und effizienten Umsetzung des Risikomanagementprozesses im Unternehmen.

Ich wünsche dieser Schrift gebührende Aufmerksamkeit bei Managern, Controllern, Prozesseignern und Risikomanagern.

Berlin, im Mai 2018

Prof. Dr. Thomas Henschel, MBA (UK)
Hochschule für Technik und Wirtschaft Berlin
Fachbereich Wirtschafts- und Rechtswissenschaften
Professur für Betriebswirtschaftslehre, insbesondere Internes Rechnungswesen

Introduction

Risk Management

Organizations of all types and sizes and individuals continuously face external and internal factors and influences that make it uncertain whether they will achieve their objectives. The effect of uncertainties on objectives is what is called risk. Mankind survived and became successful over ages by developing the ability to manage risk. The decision to run away or to fight a predator is basically part of what we now call risk evaluation which in turn is part of risk management.

All activities involve risk and all organizations manage – indeed everybody manages – risk to some degree, sometimes intuitively, sometimes in a structured manner, sometimes more effectively, sometimes less. Until as late as the 1970's, risk together with uncertainty has been treated solely as part of the rules for decision making based on imperfect information. The advice was to keep planning flexible allowing for modifications.

With increasing complexity of structures and processes and decreasing life-time-cycles of products and services, the focus for the evaluation of organizations got more and more process oriented.[2)] This alone did not prevent the development of crises and continuously new schools of management most of them more or less based on the PDCA-cycle originally advocated by Deming evolved. Before the 1990's, only a few industrial sectors had frameworks for risk control. Those existing were normally based on legal requirements and developed under the aspect of safety or security.

Meanwhile there is an abundance of standards worldwide recommending and guiding or requiring and prescribing procedures in risk management additionally to legal requirements, some of them industry specific, some of them general. Risk management has partially come to be seen as part of governance and compliance. Without proper risk management the management system of an organization will be questioned and top management might be liable for organizational deficiencies.

2 e.g. W.E. Deming, the PDCA-cycle

Einleitung

Risikomanagement

Organisationen jeglicher Art und Größe wie auch natürliche Personen unterliegen ständig externen und internen Faktoren und Einflüssen, die das Erreichen der eigenen Ziele unsicher machen. Die Auswirkung von Unsicherheit auf Ziele wird Risiko genannt. Die Menschheit ist über die Zeiten erfolgreich gewesen und hat überlebt, weil sie die Fähigkeit zum Umgang mit Risiken erworben hat. Die Entscheidung, wegzulaufen oder einen Angreifer zu bekämpfen, ist Risikobewertung als Bestandteil des Risikomanagements.

Alle Aktivitäten beinhalten ein Risiko und alle Organisationen gehen – tatsächlich geht jedermann – bis zu einem gewissen Grad mit Risiken um, sei es intuitiv oder auf strukturierte Art, manchmal mehr, manchmal weiniger effektiv. Bis in die späten 1970er Jahre wurden Risiko und Unsicherheit im Rahmen der Entscheidungsregeln unter unvollständiger Information behandelt und empfohlen, die Planung flexibel und damit anpassungsfähig zu halten.

Mit immer komplexeren Strukturen und Prozessen und kürzeren Lebenszyklen von Produkten und Diensten wurde die Entscheidungsbasis in Organisationen immer prozessorientierter.[2)] Das hat allerdings das Entstehen von Krisen nicht verhindert und so sind andauernd neue Managementschulen entstanden, die alle mehr oder weniger auf dem von Deming befürworteten PDCA-Kreis zurückgriffen. Vor 1990 hatten nur wenige Branchen Rahmenwerke für die Eindämmung von Risiken. Diese beruhten normalerweise auf gesetzlichen Anforderungen und waren unter Sicherheitsaspekten entwickelt worden.

Inzwischen gibt es ergänzend zu den gesetzlichen Anforderungen weltweit eine große Zahl von Normen, die Verfahren zum Risikomanagement empfehlen, verlangen und vorschreiben, einige davon branchenspezifisch, einige allgemeiner Natur. Risikomanagement wird als Teil von guter und verantwortungsvoller Unternehmensleitung (Governance) und ggf. als Teil von Compliance gesehen. Ohne angemessenes Risikomanagement wird das Managementsystem einer Organisation in Frage gestellt und die Unternehmensspitze unter Umständen der Haftung wegen Organisationsverschuldens ausgesetzt.

2 vgl. z. B. W.E. Deming, der PDCA-Zyklus

ISO 31000:2009

In November 2009 ISO published the first edition of their standard on Risk Management: ISO 31000:2009 *Risk management – Principles and guidelines*. By the end of 2015 it had been adopted by more than 60 national standardization organizations as a national standard[3)] and one might rightfully say that it described international best practice. It was a modern and short document providing principles and generic guidelines on risk management. ISO 31000:2009 was intended to be used by any public, private or community enterprise, association, group or individual. It was not specific to any industry sector or size of the end user.[4)]

ISO 31000:2009 specifically stated that it was not intended for the purpose of certification.

3 TC 262 IR 2016.01: ISO/TC 262, its scope, its standards, its members and its ongoing projects; July 2015; http://bit.ly/1GnWCjW

4 ISO 31000:2009 *Risk management – Principles and guidelines* (1 Scope)

ISO 31000:2009

Im November 2009 publizierte ISO die erste Ausgabe ihrer Norm zum Risikomanagement: ISO 31000:2009 Risikomanagement – Grundsätze und Leitlinien. Bis Ende 2015 war diese von mehr als 60 nationalen Normierungsorganisationen als nationale Norm übernommen worden[3)] und man kann zu Recht sagen, dass sie internationale Best Practice abbildete. Es handelte sich um ein modernes, kurzes Dokument, das Grundsätze und generische Leitlinien zum Risikomanagement zur Verfügung stellte. Die ISO 31000:2009 sollte von jedem staatlichen und privaten Unternehmen, jeder gemeinnützigen Einrichtung, Vereinigung, von Gruppen oder Einzelpersonen verwendet werden können. Sie war auf keinen spezifischen Wirtschaftszweig oder Sektor ausgerichtet.[4)] Die Norm diente ausdrücklich nicht dem Zweck der Zertifizierung.

---

3 TC 262 IR 2016.01: ISO/TC 262, its scope, its standards, its members and its ongoing projects; July 2015; http://bit.ly/1GnWCjW

4 ISO 31000:2009 *Risk management – Principles and guidelines*, Abschnitt 1 (Scope)

ISO 31000:2018

In September 2013 ISO/TC 262, responsible for standardization in the field of risk management, started the revision of ISO 31000:2009 and in February 2018 the new version, ISO 31000:2018 (hereinafter simply called the »Standard«), was published. It showed some evident improvements: value creation became the core objective of risk management, leadership and commitment were addressed more precisely, the iterative and the integrated approach became more dominant and the wording of the document is now short, clear and easy to read. However, the content and structure of the Standard were maintained and it is still providing generic guidance for risk management.

The Standard is structured in Foreword, Introduction, 6 sections or clauses (on Scope, Normative References, Terms and Definitions, Principles, Framework and on Process), and a Bibliography listing only ISO/IEC 31010:2009 *Risk Management – Risk assessment techniques*. The core content of the Standard has a three-pillar structure: managing risk is based on principles, framework and process[5]:

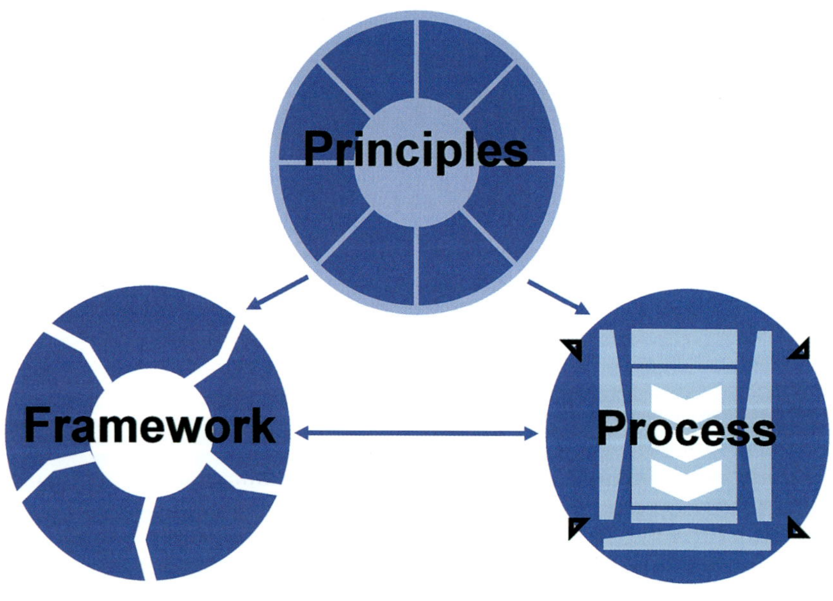

5 Figure 1 of the Standard (introduction) reduced to its essentials by the author

ISO 31000:2018

Im September 2013 wurde von dem für die Normung von Risikomanagement zuständigen TC 262 die Revision der ISO 31000:2009 eingeleitet und im Februar 2018 wurde die neue Fassung als ISO 31000:2018 (im Weiteren die »Norm« genannt) veröffentlicht. Die Neufassung hat deutliche Vorteile: Schaffung und Bewahrung von Werten wurde zum zentralen Ziel von Risikomanagement, Führung und Verpflichtung wurden präziser angesprochen, der iterative und der integrierte Ansatz wurden dominanter und der Wortlaut ist jetzt kurz, klar und leicht verständlich. Trotzdem sind Inhalt und Struktur der Norm erhalten geblieben und sie bietet weiterhin allgemeine Leitlinien für Risikomanagement.

Die Norm ist aufgeteilt in Vorwort, Einleitung, sechs inhaltliche Abschnitte (Anwendungsbereich, Normative Verweisungen, Begriffe, Grundsätze, Rahmenwerk und Prozess) und eine Bibliographie, die nur die DIN EN 31010:2010-11 *Risikomanagement – Verfahren zur Risikobeurteilung* aufführt. Der Kern der Norm hat eine Drei-Säulen-Struktur: Das Umgehen mit Risiken basiert auf Grundsätzen, Rahmenwerk und Prozess:[5]

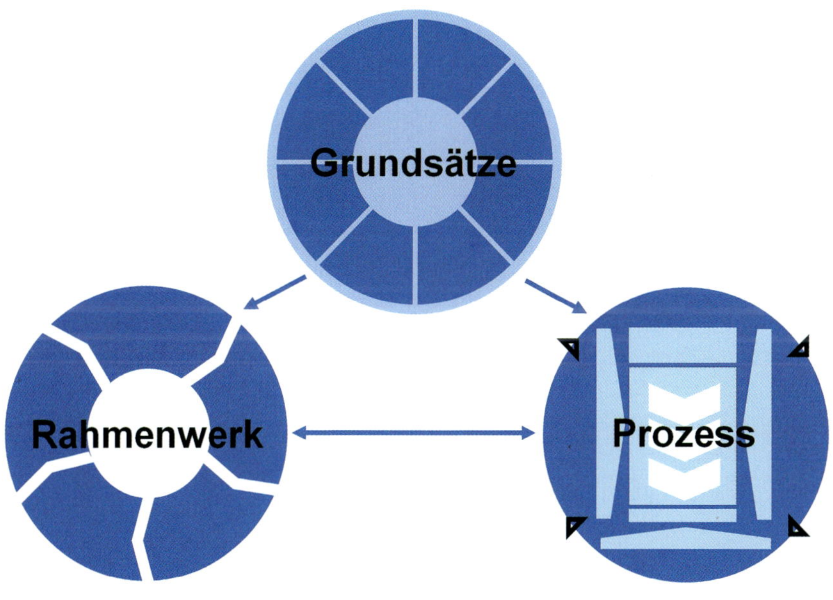

5 Bild 1 der Norm (Einleitung) vom Autor auf das Wesentliche reduziert

The principles listed in clause 4 of the Standard are the success criteria of risk management and serve the overall purpose of creating and protecting value. By streamlining the wording and merging some of the principles, the 11 principles listed in the 2009 version are now reduced to 8 principles centered around »value creation and protection«. Effective risk management requires (!) the elements of figure 2 of the Standard.[6] The principles provide guidance on the characteristics of effective and efficient risk management.

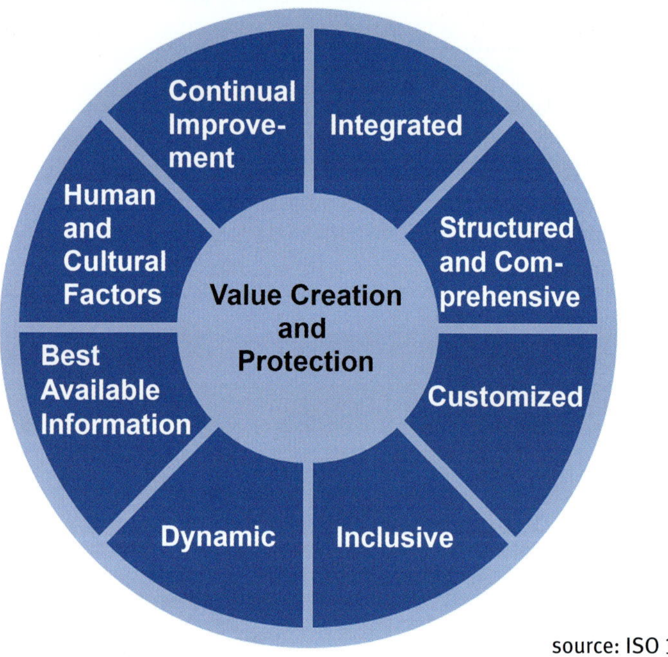

source: ISO 31000:2018

6 ISO 31000:2018 (clause 4)

Die in Abschnitt 4 der Norm aufgeführten Grundsätze sind die Erfolgskriterien des Risikomanagements und dienen dem Gesamtziel, Werte zu schaffen und zu bewahren. Durch Kürzung des Wortlauts und Zusammenfassung wurden die 11 Grundsätze der Fassung von 2009 auf jetzt 8 um die Schaffung und Bewahrung von Werten gruppierte Grundsätze reduziert. Die Grundsätze bieten eine Anleitung zu den Eigenschaften eines wirksamen und effizienten Risikomanagements.[6)]

Quelle: DIN ISO 31000:2018

6 DIN ISO 31000:2018 (Abschnitt 4)

Of course, it is suggested to examine all of the principles closely when setting up or reviewing the risk management framework or process of an organization. But there are two principles that seem to be of outstanding importance and therefore they shall be briefly introduced:

– **Principle a) – Integrated**

Probably the most important recommendation of the Standard is contained in Principle a) and clauses 5.1 and 6.1 advising that the effectiveness of risk management will depend on its integration into the governance of the organization and that the risk management process should be an integral part of management and integrated into the structure, operations and processes of the organization. The principle explains that risk management is an integral part of all organizational activities. This means that risk management should not be a stand-alone activity separate from the main activities and processes. It should not be executed in intervals by a »Risk Manager« disturbing the »real manager« in his or her daily push to success. It is part of the responsibilities of management, regardless whether top management, middle management or employee with little decision making competencies only. There is no definition of the »Risk Manager« in the Standard or in Guide 73:2009 *Risk management – Vocabulary*! The proper term is **risk owner**[7)] which is the person or entity with the accountability and authority to manage risk and we will see that this is the process owner responsible for the specific part of the organization and its processes.

7 ISO Guide 73:2009 (clause 3.5.1.5) and formerly ISO 31000:2009 (clause 2.7)

Natürlich sollten bei der Einführung oder Überarbeitung von Risikomanagement-Rahmenwerk oder -prozess einer Organisation alle Grundsätze genau geprüft werden. Aber es gibt zwei Grundsätze, die wohl von besonderer Bedeutung sind und daher hier kurz vorgestellt werden:

- **Grundsatz a) – integriert**

Die vermutlich wichtigste Empfehlung der Norm ist im Grundsatz a) und den Abschnitten 5.1 und 6.1 enthalten, mit dem Hinweis, dass die Wirksamkeit des Risikomanagements von seiner Integration in die Leitung der Organisation abhängt und dass der Risikomanagementprozess ein integraler Bestandteil des Managements und in die Struktur, die Abläufe und die Prozesse integriert sein sollte. Risikomanagement ist ein integraler Bestandteil aller Aktivitäten der Organisation. Das bedeutet, dass Risikomanagement keine alleinstehende Aktivität losgelöst von den unternehmerischen Handlungen und Prozessen ist. Es soll nicht intervallweise durch einen die Belegschaft störenden »Risikomanager« durchgeführt werden. Vielmehr ist es ein Teil der Verantwortung der gesamten Belegschaft einschließlich oberster Unternehmensleitung, mittlerem Management und dem Mitarbeiter mit nur geringen Entscheidungsbefugnissen. Es gibt weder in der Norm noch in ISO Guide 73 *Risk Management – Vocabulary* eine Definition des »Risikomanagers«! Der richtige Begriff lautet **Risikoeigner**.[7] Das ist die Person oder die Einheit, die für den Umgang mit dem Risiko rechenschaftspflichtig und autorisiert ist, und wir werden sehen, dass dies der Prozesseigner ist, der die Verantwortung für den spezifischen Teil der Organisation und ihrer Prozesse trägt.

7 ISO Guide 73:2009 (Abschnitt 3.5.1.5) und zuvor auch ISO 31000:2009 (Abschnitt 2.7)

- **Principle c) – Customized**

There is no one-size-fits-all risk management and the Standard recommends that the risk management framework and process are customized and proportionate to the organization's external and internal context and related to its objectives. Introducing risk management means to examine the external context defined as the external environment in which the organization seeks to achieve its objectives[8] and the internal context defined as the internal environment in which the organization seeks to achieve its objectives[9] in line with clause 5.4.1 of the Standard as the first step in designing the framework. The components of the framework should be customized to the needs of the organization. Clause 6.3.3 of the Standard also recommends to establish the external and internal context of the risk management process by considering the factors mentioned in clause 5.4.1 of the Standard. The downside is that you will not find ready-made provisions that work by copy and paste. The upside is you will be able to tailor risk management to the resources and needs of the organization which is a huge advantage for example for SMEs!

Three Steps

The Standard gives guidance on the classical repertoire of risk management. Its outstanding value is its condensed presentation of the essential basic items of risk management demanding a customized approach. This gives rise to the opportunity of a quick start in three steps. Those three steps to effective and efficient risk management are described in this handbook. They are:

1. **Establishing the Framework**
2. **Establishing the Process**
3. **Implementing and Executing the Process**

For large and complex organizations this will be just a fast initial start allowing for a more mature risk management to follow with time. For small enterprises it might be the customized approach sufficiently fulfilling the "requirements" for good governance.

8 ISO Guide 73:2009 (clause 3.3.1.1) and formerly ISO 31000:2009 (clause 2.10)

9 ISO Guide 73:2009 (clause 3.3.1.2) and formerly ISO 31000:2009 (clause 2.11)

– **Grundsatz c) – maßgeschneidert**

Es gibt kein Einheitsmaß für Risikomanagement und die Norm empfiehlt, dass Rahmenwerk und Prozess an den externen und internen Kontext der Organisation angepasst und mit ihren Zielen verbunden sind. Bei der Einführung von Risikomanagement müssen der externe Kontext – definiert als das externe Umfeld, in welchem die Organisation ihre Ziele anstrebt[8] – und der interne Kontext – definiert als das interne Umfeld, in dem die Organisation ihre Ziele anstrebt[9] – in Übereinstimmung mit Abschnitt 5.4.1 der Norm eingangs der Gestaltung des Rahmenwerks untersucht werden. Die Elemente des Rahmenwerks sollten an den Bedarf der Organisation angepasst werden. Abschnitt 6.3.3 der Norm empfiehlt, den externen und internen Kontext des Risikomanagementprozesses festzustellen, indem die Faktoren des Abschnittes 5.4.1 bedacht werden. Der Nachteil ist, dass man keine vorgegebenen Regeln findet, die mittels Kopierfunktion zum Einsatz kommen. Der Vorteil liegt darin, dass Risikomanagement exakt auf die Ressourcen und den Bedarf der Organisation anpasst werden kann. Das ist ein enormer Vorteil beispielsweise für KMUs!

Drei Schritte

Die Norm liefert Leitlinien zu dem klassischen Repertoire des Risikomanagements. Ihr besonderer Wert besteht in der zusammenfassenden Darstellung der wichtigsten, einen maßgeschneiderten Ansatz fordernden Grundelemente. Dadurch gibt es die Möglichkeit eines Schnellstarts in drei Schritten. Diese drei Schritte zu einem wirksamen und effizienten Risikomanagement sind in diesem Handbuch dargestellt. Es handelt sich um:

1. **das Rahmenwerk etablieren**
2. **den Prozess etablieren**
3. **den Prozess implementieren und ausführen**

Für große und komplexe Organisationen wird das nur ein schneller erster Beginn sein, auf den ein reiferes Risikomanagement später folgt. Für kleine Unternehmen kann es sich um den maßgeschneiderten Ansatz handeln, der die »Anforderungen« an eine gute und verantwortungsvolle Unternehmensleitung erfüllt.

8 ISO Guide 73:2009 (Abschnitt 3.3.1.1) und vormals ISO 31000:2009 (Abschnitt 2.10)

9 ISO Guide 73:2009 (Abschnitt 3.3.1.2) und vormals ISO 31000:2009 (Abschnitt 2.11)

Reasons for Managing Risk

First and foremost, as outlined in clause 4 of the Standard, the purpose of risk management is the creation and protection of value! It helps improve decisions of risk owners who are at the same time the process owners and it will enhance the operation of the processes/activities of the organization. Improved operation of the processes means better results, higher quality of the output and less costly mistakes. This in turn will support the achievement of the organization's objectives whether they are strategical or operational.

Research on the benefits of risk management shows a correlation between the quality of risk management and the resilience of the company. Just one example is the UK based research and report called »Roads to Ruin« completed by and on behalf of AIRMIC[10)] in 2011. This study was followed in 2013 by case study research titled »Roads to Resilience« conducted by the Cranfield School of Management and AIRMIC.[11)]

10 Association of Insurance and Risk Managers in Industry and Commerce, London

11 for more: https://www.airmic.com/technical/library/roads-resilience-building-dynamic-approaches-risk-achieve-future-success

Gründe für den Umgang mit Risiken

Zunächst und vor allem ist Abschnitt 4 der Norm zu zitieren: Zweck des Risikomanagements besteht darin, Werte zu schaffen und zu bewahren! Entscheidungen der Risikoeigner, die zugleich Prozesseigner sind, werden verbessert und die Abläufe der Prozesse/Aktivitäten werden aufgewertet. Das bedeutet bessere Ergebnisse, höhere Qualität der Arbeitsleistung und weniger kostspielige Fehler. Das wird wiederum die Zielerreichung auf strategischer oder operativer Ebene fördern.

Untersuchungen zu den Vorteilen von Risikomanagement zeigen eine Korrelation zwischen der Qualität des Risikomanagements und der Widerstandsfähigkeit des Unternehmens. Als Beispiel sei die UK-Studie aus dem Jahr 2011 mit dem Titel »Roads to Ruin« im Auftrag von AIRMIC[10)] aufgeführt. 2013 folgte die Studie »Roads to Resilience« von der Cranfield School of Management zusammen mit AIRMIC.[11)]

10 Association of Insurance and Risk Managers in Industry and Commerce, London

11 weitere Informationen:
https://www.airmic.com/technical/library/roads-resilience-building-dynamic-approaches-risk-achieve-future-success

Furthermore, as mentioned above, without effective management of risk top management might be prone to liability for organizational deficiencies. Many nations have legal requirements to manage risk. In Germany, for example, KonTraG[12), BilReG[13), BilMoG[14) and KWG[15) contain obligations regarding risk management. Based on KWG the regulatory decree MaRisk[16) lists requirements for enterprises under the supervision of BaFin, the German agency controlling banks, insurance companies and other financial institutes. Similar to the Standard it requires risk management to be aligned with the business, its type, volume and scope complexity and risk. One can discuss whether the requirements of MaRisk will indirectly apply to other enterprises as well. Enterprises with year-end audits should consider IDW PS 340[17) describing the scope of the audit. Also, IDW PS 981[18) should be considered as it describes how a risk management system will be audited.

Rationale of this Handbook

The objective of this handbook is to give a quick first access to risk management in particular for smaller or midsize enterprises. It is not aiming to give perfect guidance down to the last detail for large organizations with complex structure and business. There are knowledgeable publications available for a target audience looking for detailed advice. For your first steps this will not be needed, but your first steps will be needed if you don't have any risk management or if your risk management is outdated and retroactively restricted to periodical data collection.

12 KonTraG (1998; the law for controls and transparency in companies)

13 BilReg (2001; Law on reforming legislation on the balance sheet)

14 BilMoG (2009; Law on modernizing legislation on the balance sheet)

15 KWG (German Banking Act)

16 Circular 19/2012 of BaFin (German Federal Agency for Financial Markets Supervision): minimum requirements for risk management

17 IDW Prüfungsstandard (audit standard) on the audit of the system for early risk detection according to § 317 IV HGB (German Commercial Code)

18 IDW Prüfungsstandard (audit standard) on the principles of fair auditing of risk management systems

Darüber hinaus besteht, wie schon dargelegt, für die oberste Unternehmensleitung die Gefahr der Haftung für Organisationsverschulden. Viele Länder kennen gesetzliche Verpflichtungen für den Umgang mit Risiken. In Deutschland enthalten zum Beispiel das KonTraG[12)], das BilReG[13)], das BilMoG[14)] und das KWG[15)] Rechtsplichten zum Risikomanagement. Auf der Grundlage des KWG wurde von der BaFin (Bundesanstalt für Finanzdienstleistungsaufsicht) die MaRisk[16)] mit Anforderungen an die von ihr kontrollierten Unternehmen (Banken, Versicherungen und andere Finanzinstitute) veröffentlicht. Ähnlich der ISO 31000 wird verlangt, dass das Risikomanagement auf das Geschäft, seine Art, das Volumen und die Komplexität des Anwendungsbereichs und das Risiko ausgerichtet wird. Ob die Anforderungen der MaRisk indirekt auch auf andere Unternehmen anwendbar sind, wird diskutiert. Unternehmen, deren Jahresabschluss einer Prüfung unterzogen wird, sollten den IDW PS 340[17)] im Auge haben, der den Umfang der Prüfung beschreibt. Darüber hinaus sollte der IDW PS 981[18)] bedacht werden, der die Prüfung eines Risikomanagementsystems beschreibt.

Grundprinzip dieses Handbuchs

Dieses Handbuch soll einen schnellen ersten Zugang zum Risikomanagement insbesondere für kleinere und mittelgroße Unternehmen ermöglichen. Es strebt nicht an, eine perfekte Anleitung bis in das letzte Detail für große Unternehmen mit komplexen Strukturen und komplexem Geschäft zu liefern. Für die Zielgruppe, die einen detaillierten Ratgeber sucht, gibt es gute Publikationen. Für die ersten Schritte sind diese noch nicht erforderlich – aber die ersten Schritte sind erforderlich, wenn es kein Risikomanagement gibt oder wenn das Risikomanagement veraltet ist und rückwärtsgewandt seinen Schwerpunkt in einer periodisch wiederkehrenden Datensammlung findet.

---

12 KonTraG (1998; Gesetz zur Kontrolle und Transparenz im Unternehmensbereich)

13 BilReg (2001; Bilanzrechtsreformgesetz)

14 BilMoG (2009; Bilanzrechtsmodernisierungsgesetz)

15 KWG (Kreditwesengesetz)

16 Rundschreiben 19/2012 der BaFin (Bundesanstalt für Finanzdienstleistungsaufsicht): Mindestanforderungen an das Risikomanagement

17 IDW Prüfungsstandard zur Prüfung des Risikofrüherkennungssystems nach § 317 Abs. 4 HGB

18 IDW Prüfungsstandard zu den Grundsätzen ordnungsmäßiger Prüfung von Risikomanagementsystemen

Management should read this handbook, get an overview and start – and then decide whether and how to improve risk management continuously without overburdening the organization. Risk management in its initial steps is a simple task applying common sense – something any manager with the objective of sustainably performing his or her obligations to maintain the organization resilient should observe.

Unternehmensleiter der obersten und Manager der mittleren Ebene sollten dieses Handbuch lesen, sich einen Überblick verschaffen und loslegen – dann kann in einem zweiten Anlauf entschieden werden, ob und ggf. wie das Risikomanagement kontinuierlich ohne Überforderung der Organisation zu verbessern ist. Risikomanagement in seinen ersten Schritten ist eine einfache Aufgabe, die gesunden Menschenverstand verlangt – was jeder Manager mit dem Ziel der Zukunftsfähigkeit beachten sollte, der seine Pflichten, die Organisation belastbar zu erhalten, ernst nimmt.

1 Establishing the Framework

Guidance in the Standard

The recommendations on the Framework are delineated in clause 5 of the Standard. Its now seven items are:

5.1 General

5.2 Leadership and commitment

5.3 Integration

5.4 Design (five elements)

5.5 Implementation

5.6 Evaluation

5.7 Improvement (two elements)

This section is probably the part of the Standard that is open for customizing to the widest degree. The purpose of the risk management framework is to assist the organization in integrating risk management into its activities and functions. Figure 3 of the Standard illustrates the components of a framework:

source: ISO 31000:2018

1 Etablierung des Rahmenwerks

Leitlinien der Norm

Die Empfehlungen zum Rahmenwerk finden sich in Abschnitt 5 der Norm. Die jetzt sieben Elemente sind:

5.1 Allgemeines

5.2 Führung und Verpflichtung

5.3 Integration

5.4 Gestaltung (fünf Elemente)

5.5 Implementierung

5.6 Bewertung

5.7 Verbesserung (zwei Elemente)

Dieser Abschnitt der Norm ist vermutlich am deutlichsten für das Maßschneidern geeignet. Der Sinn des Rahmenwerks besteht darin, der Organisation die Integration von Risikomanagement in ihre Aktivitäten und Funktionen zu erleichtern. Abbildung 3 der Norm stellt die Bestandteile des Rahmenwerks dar:

Quelle: DIN ISO 31000:2018

Framework development encompasses integrating, designing, implementing, evaluating and improving risk management across the organization.[19] Most of this will most likely be done intuitively by any diligent manager when designing the processes of the organization in an approach based on risk management. Therefore, the added burden of this step might be relatively light as the degree of detail and structure given is subject to customizing!

Leadership and Commitment

Special attention must be given to item 5.2 (Leadership and Commitment). The introduction of risk management and ensuring its ongoing effectiveness and integration require strong and sustained commitment by the management at all levels (including top management) and where applicable the oversight bodies. They should demonstrate this by:

- customizing and implementing all components of the framework;
- issuing a statement policy that establishes a risk management approach, plan or course of action;
- ensuring that the necessary resources are allocated to managing risk;
- assigning authority, responsibility and accountability at appropriate levels within the organization.

Design

Designing the framework requires a good understanding of the organization and its external and internal context which on the one hand is an essential requirement for management but on the other hand is often underestimated. Managers – in particular those of top management – have a tendency to etto[20] in this context assuming that of course they know their business in all aspects allowing for short cuts. This tendency along with other human and cultural factors should always be taken into account.[21] In clause 5.4.1 the Standard lists items that may be included in examining the external and internal context without limiting the items to those listed. Those items include the social, cultural, political, legal, regulatory, financial, technological, economic and environmental factors, whether international, national, regional or local, as well as the organization's capabilities,

---

19 ISO 31000:2018 (clause 5.1)

20 E. Hollnagel, The ETTO Principle: Efficiency-Thoroughness Trade-Off: Why Things that Go Right Sometimes Go Wrong (Ashgate Publishing Group 2009 – meanwhile new edition 2012)

21 ISO 31000:2018, Principle g) Human and cultural factors

Die Entwicklung des Rahmenwerks umfasst das Integrieren, Gestalten, Implementieren, Bewerten und Verbessern des Risikomanagements über die Organisation hinweg.[19] Das meiste davon wird eine gewissenhafte Führungskraft intuitiv erledigen, wenn sie die Prozesse der Organisation auf der Grundlage des Risikomanagements modelliert. Deshalb wird sich der zusätzliche Aufwand dieses Schrittes in Grenzen halten, zumal der Detailierungsgrad dem Maßschneidern unterworfen ist.

Führung und Verpflichtung

Besondere Aufmerksamkeit muss dem Abschnitt 5.2 (Führung und Verpflichtung) gewidmet werden. Für die Einführung und dauerhafte Wirksamkeit des Risikomanagements muss von der Unternehmensleitung starkes und anhaltendes Engagement gezeigt werden. Das sollte nachgewiesen werden durch:

- Anpassen und Implementieren aller Komponenten des Rahmenwerks;
- Veröffentlichung einer Erklärung oder eines Grundsatzdokuments, die einen Risikomanagementansatz, einen Plan oder eine Aktion festlegt;
- Sicherstellen, dass für das Umgehen mit Risiken die erforderlichen Ressourcen bereitgestellt werden;
- Zuweisen von Befugnis, Verantwortlichkeit und Rechenschaftspflicht auf geeigneten Ebenen in der Organisation.

Gestaltung

Die Gestaltung des Rahmenwerks erfordert eine gute Kenntnis der Organisation und ihres externen und internen Kontextes – eine grundlegende Anforderung an die Unternehmensleitung, die oft unterschätzt wird. Führungskräfte – insbesondere auf der ersten Ebene – haben eine Tendenz zur Anwendung des ETTO-Prinzips[20] und unterstellen, ihr Geschäft so gut zu kennen, dass sie Abkürzungen nehmen können. Das sollte zusammen mit anderen menschlichen Eigenheiten immer bedacht werden.[21] Im Abschnitt 5.4.1 findet sich eine nicht abschließende Aufzählung der Elemente, die bei der Untersuchung des externen und internen Kontextes berücksichtigt werden können. Zu diesen Elementen zählen soziale, kulturelle, politische, rechtliche, finanzielle, technologische, wirtschaftliche und

19 ISO 31000:2018 (Abschnitt 5.1)

20 E. Hollnagel, The ETTO Principle: Efficiency-Thoroughness Trade-Off: Why Things that Go Right Sometimes Go Wrong (Ashgate Publishing Group 2009 – inzwischen Neuauflage 2012)

21 ISO 31000:2018, Grundsatz g) Menschliche und kulturelle Faktoren

understood in terms of resources and knowledge (e.g. capital, time, people, intellectual property, processes, systems and technologies).

Articulating the Risk Management Commitment

Top management and oversight bodies, where applicable, should demonstrate and articulate their continual commitment to risk management through a policy, statement or other forms that clearly convey an organization's objectives and commitment to risk management. This should be communicated within the organization and to stakeholders as appropriate.[22] The commitment should, amongst others, include the purpose for managing risk, reinforce the need and lead the integration of risk management, as well as include the way in which conflicting objectives are dealt with. Organizational roles, authorities, responsibilities and accountabilities should be assigned and communicated and appropriate resources should be allocated.[23] It should be emphasized that risk management is a core responsibility and the individual risk owner (see explanation of Principle a) in the introduction above) should be identified. Communication (sharing information with targeted audiences) and consultation (participants providing feedback) should be established in order to support the framework. It should be timely and ensure that feedback is provided and improvements are made.[24]

Common Sense

All of this seems to be common sense or at least good governance and any careful and thorough manager will consider this when organizing the business. The extra step is to consider the implications of risk – to evaluate how uncertainties might be considered in the day-to-day work of the organization. And of course the major step will be in following Principle a) providing for risk management becoming an integral part of all organizational activities. Integrating risk management into an organization is described as a dynamic and iterative process customized to the organization's needs and culture.[25] Guidance on how to do this best will be given in the next chapter.

22 ISO 31000:2018 (clause 5.4.2)

23 ISO 31000:2018 (clauses 5.4.3 and 5.4.4)

24 ISO 31000:2018 (clause 5.4.5)

25 ISO 31000:2018 (clause 5.3)

Umweltfaktoren sowie die Fähigkeiten im Sinne von Ressourcen und Wissen der Organisation.

Artikulierung der Risikomanagementverpflichtung

Die Unternehmensspitze soll ihr kontinuierliches Engagement für das Risikomanagement in einem Grundsatzdokument, einer Erklärung oder in anderer Form nachweisen und artikulieren, worin Ziele und Verpflichtung der Organisation zum Risikomanagement klar vermittelt werden. Das ist in der Organisation und ggf. gegenüber Stakeholdern zu kommunizieren.[22] Die Verpflichtung sollte u. A. auch den Zweck des Umgangs mit Risiken enthalten, die Notwendigkeit der Integration bekräftigen und diese leiten sowie die Vorgehensweise bei der Handhabung widersprüchlicher Ziele enthalten. Rollen, Befugnisse, Verantwortlichkeiten und Rechenschaftspflichten sollten zugewiesen werden und geeignete Ressourcen zugeteilt werden.[23] Im Rahmen der Kommunikation sollte betont werden, dass für das Risikomanagement eine zentrale Verantwortung besteht, und der Risikoeigner (siehe oben die Erläuterungen zum Grundsatz a) in der Einleitung) identifiziert werden. Kommunikation (Austausch von Informationen mit Zielgruppen) und Konsultation (Feedback von Teilnehmern) sollten eingerichtet werden, um das Rahmenwerk zu unterstützen. Sie sollten rechtzeitig erfolgen und sicherstellen, dass Feedback geliefert und Verbesserungen vorgenommen werden.[24]

Gesunder Menschenverstand

Das Vorstehende entspricht gesundem Menschenverstand oder jedenfalls guter und verantwortungsvoller Unternehmensleitung und eine sorgfältige und gründliche Führungskraft wird es bei der Organisation ihres Geschäfts berücksichtigen. Der zusätzliche Schritt ist, die Auswirkung von Risiko zu beachten – die Einschätzung, wie Unsicherheiten im Tagesgeschäft Rechnung getragen werden kann. Natürlich ist der wichtigste Schritt, das Prinzip a) anzuwenden und zu gewährleisten, dass Risikomanagement ein integraler Bestandteil aller Aktivitäten wird. Die Integration von Risikomanagement in eine Organisation wird als dynamischer und iterativer Prozess beschrieben, der an die Bedürfnisse und Kultur der Organisation angepasst ist.[25] Eine Anleitung, wie dies am besten erreicht werden kann, findet sich im nächsten Kapitel.

22 ISO 31000:2018 (Abschnitt 5.4.2)

23 ISO 31000:2018 (Abschnitte 5.4.3 und 5.4.4)

24 ISO 31000:2018 (Abschnitt 5.4.5)

25 ISO 31000:2018 (Abschnitt 5.3)

Always remember that everybody is persistently managing risk to survive – before we cross a street we assess the risk of getting run over and if we don't there is a chance not to achieve the objective of unimpaired arrival on the other side. In a simpler world the advice to keep planning flexible and allowing for modifications might have been sufficient. Meanwhile in a global world life – in particular business – has become more complex. Also, some basic common sense in business seems to have been lost. Therefore, lately a more formal approach to various aspects of management (such as compliance management and risk management) might be helpful. Rules on risk management were developed and reintroduce common sense. In 2012 ISO developed a common approach for their management system standards[26] to facilitate integration of the relevant aspects of management of organizations into one holistic management stem. All these standards are required to follow what is commonly known to be the »risk-based approach« which should better be called an »approach based on risk management« and the Standard could be understood to be the all-embracing clip[27] for all parts of the management system:

26 This is called HLS, the High-Level Structure, laid out in the ISO/IEC Directives, Part 1 Consolidated ISO Supplement in Annex SL, Appendix 2

27 Diagram based on U. Weis, Risikomanagement nach ISO 31000, WEKA 2012

Jedermann geht ständig mit Risiken um, um zu überleben – vor dem Überqueren einer Straße beurteilen wir das Risiko, überfahren zu werden; wenn wir das nicht machen, besteht die Möglichkeit, das Ziel, heil auf der anderen Seite anzukommen, nicht zu erreichen. In einer einfacheren Welt mag der Rat, flexibel zu bleiben und Anpassung zu ermöglichen, ausreichend gewesen sein. Inzwischen in einer globalen Welt ist das Leben – insbesondere in der Geschäftswelt – deutlich komplexer geworden und ein Teil des gesunden Menschenverstandes scheint in der Geschäftswelt verloren gegangen zu sein. Daher mag nunmehr ein mehr formeller Ansatz für verschiedene Aspekte der Unternehmensleitung (wie z. B. Compliance und Risikomanagement) hilfreich sein. Regeln zum Risikomanagement sind entwickelt worden und bringen den gesunden Menschenverstand zurück. Die ISO hat 2012 einen einheitlichen Ansatz für ihre Managementsystemnormen entwickelt[26], um die Integration der relevanten Aspekte der Unternehmensleitung in einem holistischen System zu vereinfachen. Alle Managementsystemnormen der ISO müssen dem sogenannten »Risikobasierten Ansatz«, der eigentlich besser »auf dem Risikomanagement basierender Ansatz« heißen sollte, folgen. Daher kann die Norm als allumfassende Klammer[27] für das ganze Managementsystem bezeichnet werden:

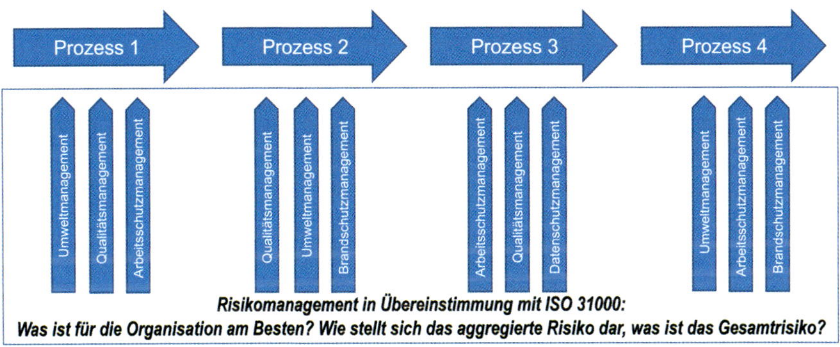

26 als HLS, High Level Structure, bezeichnet, festgeschrieben in den ISO/IEC Directives, Part 1 Consolidated Supplement in Annex SL, Appendix 2

27 Abbildung nach U. Weis, Risikomanagement nach ISO 31000, WEKA 2012

Integral Part of all Organizational Activities

Risk management can also been mapped like a plug-in dongle[28] to handle uncertainties:

28 The following figure is based on a suggestion made in 2014 by the Dutch experts in ISO/TC 262 WG 2 to explain the so called risk-based approach improved by the author together with Matthias Wernicke for DIN

Integraler Bestandteil aller Aktivitäten einer Organisation

Risikomanagement kann als Plug-in-Dongle zur Behandlung von Unsicherheiten dargestellt werden:[28]

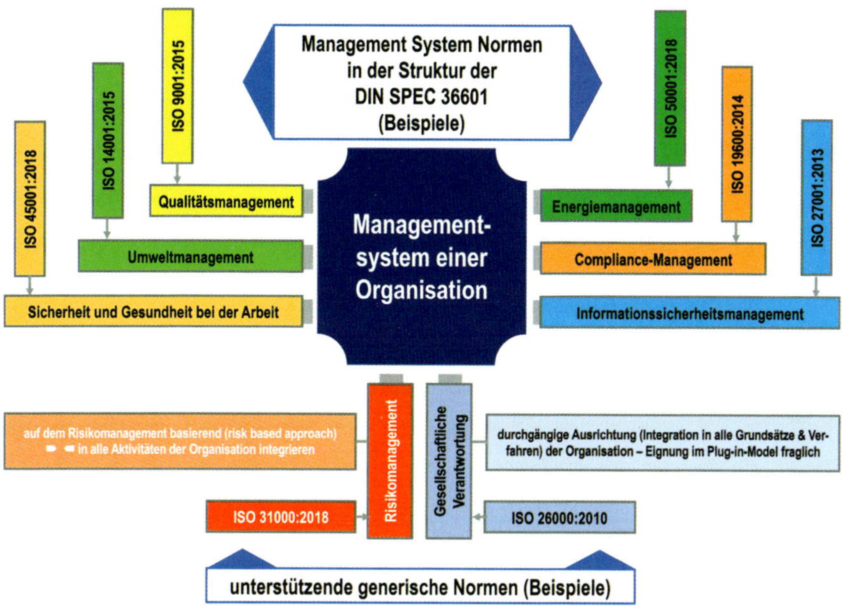

28 Die nachfolgende Abbildung basiert auf einem Vorschlag der holländischen Experten im ISO/TC 262 aus dem Jahr 2014, um den sogenannten Risikobasierten Ansatz zu erläutern, überarbeitet vom Autor zusammen mit Matthias Wernicke für den DIN.

As this handbook is dealing with the three initial steps to effective and efficient risk management the next chapters are focussing on the core of the risk management process. It will become apparent that this is a (an iterative) loop and therefore the handbook will use the term RM loop for the core of the process. It should become an integral part of management and integrated into the structure, operations and processes of the organization[29]:

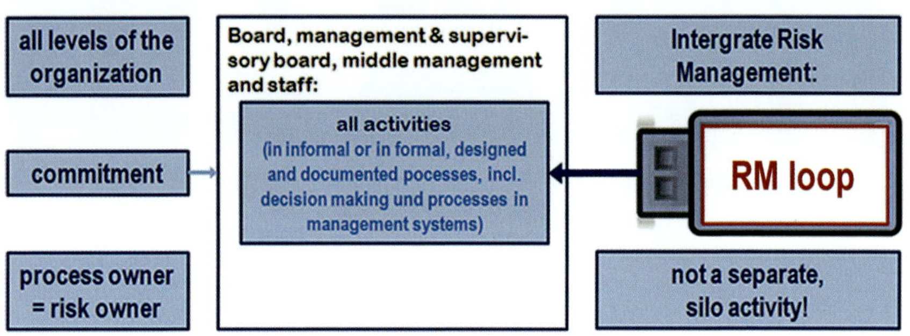

29 ISO 31000:2018 (clause 6.1)

Da dieses Handbuch die ersten grundlegenden Schritte zu wirksamem und effizientem Risikomangement begleiten soll, richten sich die nächsten Kapitel auf den Kern des Risikomangementprozesses. Es wird deutlich werden, dass dieser Kern eine (iterative) Schleife ist, und daher wird der Begriff RM-Schleife im Folgenden für den Kernprozess verwendet. Dieser soll ein integraler Bestandteil der Unternehmensführung werden und in die Struktur, die Abläufe und die Prozesse der Organisation integriert werden[29]:

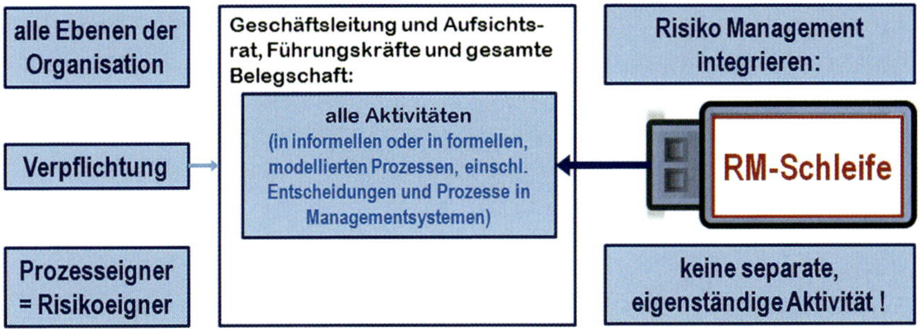

29 ISO 31000:2018 (Abschnitt 6.1)

2 Establishing the Process

The Risk Management Process

Establishing the framework is an iterative activity and therefore might have to be repeated for each business process when customizing, designing and integrating the risk management process in the context of information or estimation starting the business process. But this will most likely be done intuitively by any diligent manager organizing his enterprise anyhow – the add-on is documenting it.

The Standard's guidance on the risk management process is given in its clause 6 (formerly clause 5) starting with the general recommendation that the risk management process should be an integral part of management and decision-making and integrated into the structure, operations and processes of the organization at strategic, operational, programme or project levels.

The process was illustrated in Figure 3 of the Standard of 2009. More completely – with the core of the process highlighted in blue – it looks like on the left side[30] (on the right side according to figure 4 of the 2018 version of ISO 31000 is displaying essentially the same content):

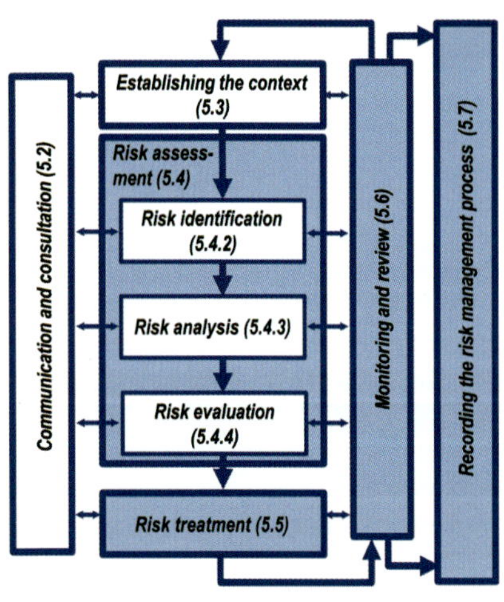

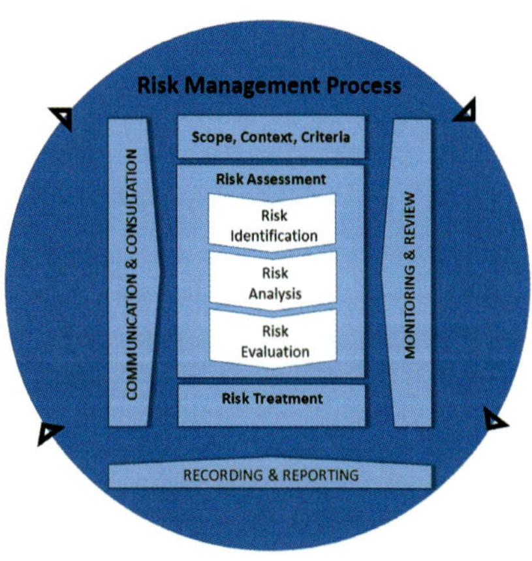

30 Diagram prepared by the author, based on ISO 31000:2009, Figure 3

2 Den Prozess einrichten

Der Risikomanagementprozess

Die Einrichtung des Rahmenwerks ist ein iterativer Vorgang und muss daher u. U. für jeden Geschäftsprozess beim Maßschneidern, Entwickeln und bei der Integration des Risikomanagements im Zusammenhang mit dem Start des Prozesses durch Information oder Einschätzung wiederholt werden. Eine sorgfältige Führungskraft wird dies allerdings beim Organisieren des Unternehmens ohnehin erledigen.

Die Leitlinien der Norm zum Risikomanagementprozess finden sich im Abschnitt 6 (vormals 5). Sie beginnen mit der grundsätzlichen Empfehlung, dass der Risikomanagementprozess ein integraler Bestandteil des Managements und der Entscheidungsfindung und in die Struktur, die Abläufe und die Prozesse der Organisation auf strategischer, betrieblicher, Programm- und Projektebene integriert sein soll.

Der Prozess war in der Abbildung 3 der Norm von 2009 dokumentiert. Vollständiger – mit dem Kernprozess blau hervorgehoben – würde man ihn wie folgt darstellen[30] (linke Seite; rechts in Anlehnung an Abbildung 4 der Fassung von 2018 zeigt im Wesentlichen den gleichen Inhalt):

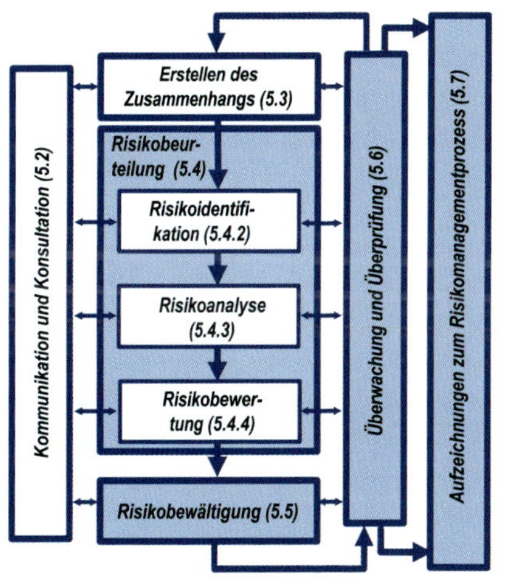

30 Abbildung des Autors, auf der Grundlage von ISO 31000:2009, Figure 3

Actually, it might be more precise to explain that clause 6 and figure 4 (formerly clause 5 and Figure 3) deal with two processes: the process of customizing the risk management process and the operational risk management process which should be embedded in **all** organizational processes/activities. While clauses 6.2 (communication and consultation) and 6.3 (scope, context and criteria) deal with customizing and implementing the risk management process in a similar but slightly more specific way to clause 5 on the framework, the rest of the section gives recommendations on the operational process or the core of the risk management process.

Vermutlich wäre die Feststellung, dass Abschnitt 6 und Abbildung 4 (vormals Abschnitt 5 und Abbildung 3) zwei Prozesse abbilden, genauer: den Prozess der Anpassung des Risikomanagementprozesses und den betrieblichen Risikomanagementprozess, der in **alle** organisatorischen Prozesse/Aktivitäten eingebettet sein soll. Abschnitte 6.2 (Kommunikation und Konsultation) und 6.3 (Anwendungsbereich, Kontext und Kriterien) betreffen die Anpassung und Implementierung des Risikomanagementprozesses ähnlich zur Klausel 5 zum Rahmenwerk, allerdings geringfügig genauer, während der Rest des Abschnitts Empfehlungen zum betrieblichen Prozess oder dem Kern des Risikomanagementprozesses gibt.

The RM Loop

This core of the risk management process is basically a four-item loop starting with risk identification followed by risk analysis, risk evaluation and risk treatment. Monitoring and review as well as recording and reporting, while being part of the risk management process, are basically annexes preparing the next item (continual improvement) which will be a new process (forming part of designing and implementing the loop within the PDCA-cycle attached to process of designing and implementing the risk management process). The vital recommendations of the Standard for designing the risk management process are mentioned in the preceding chapter. This chapter will be restricted to the core of the risk management process.

A different form to illustrate the core of the risk management process following the design of an »Event-driven Process Chain« (EPC) showing check lists as the simplest possible form of auxiliary means for the various items but showing neither the initial starting point nor the end of the process nor its iterative nature might look as follows:

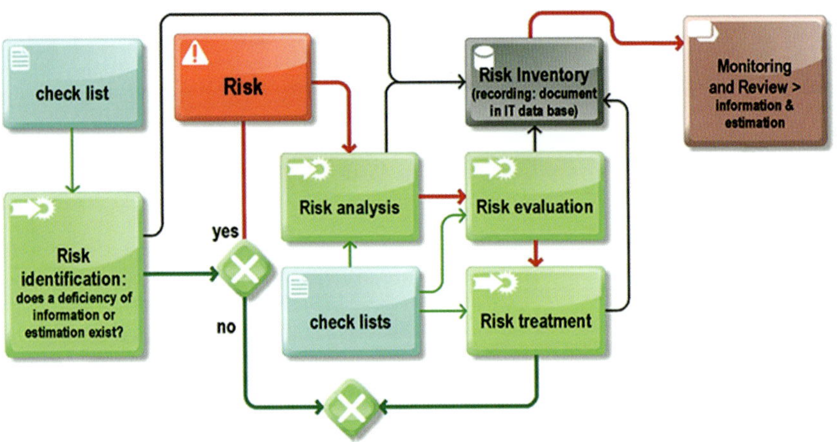

Die RM-Schleife

Dieser Kern des Risikomanagementprozesses ist grundsätzlich eine Schleife mit vier Elementen: Risikoidentifikation, Risikoanalyse, Risikobewertung und Risikobehandlung. Überwachung und Überprüfung sowie Aufzeichnung und Berichterstattung werden zwar als Teil des Prozesses dargestellt, sind aber eigentlich Anhänge, die den nächsten Prozess (kontinuierliche Verbesserung) einleiten (und Teil der Entwicklungs- und Implementierungsschleife innerhalb des PDCA-Kreises sind). Die wichtigsten Empfehlungen der Norm zur Entwicklung des Risikomanagementprozesses sind im vorangegangenen Kapitel aufgeführt. Dieses Kapitel ist auf den Kern des Risikomanagementprozesses beschränkt.

Man kann den Kern des Risikomanagementprozesses auch mittels einer »Ereignisgesteuerten Prozesskette« (EPK) mit Check-Listen als einfachstem Hilfsmittel für die einzelnen Prozessschritte darstellen. Allerdings fehlen in nachfolgender Abbildung das Anfangsereignis und das Prozessende. Aus Gründen der Übersichtlichkeit wurde auch die iterative Natur des Prozesses nicht abgebildet:

In this EPC-figure the form of the core of the risk management process resembles a loop (therefore it is hereinafter called the »RM loop«).

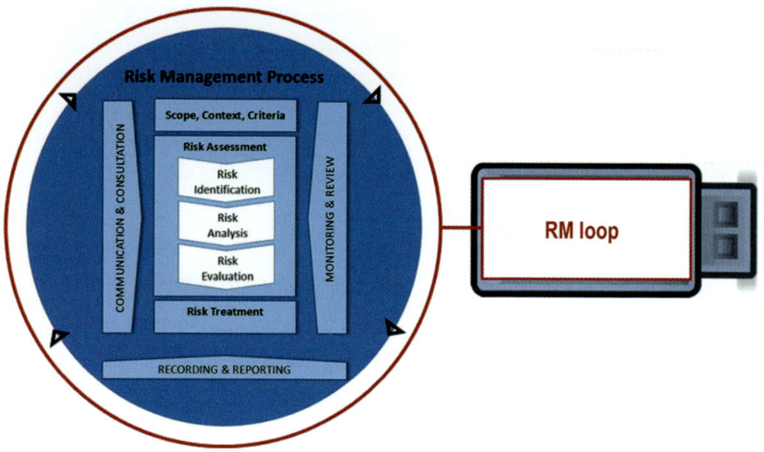

The first item of the RM loop is risk identification which is the process of finding, recognizing and describing risk.[31] It can involve historical data, theoretical analysis, and informed and expert opinion. Comprehensive identification is critical since a risk not identified will be a risk not analyzed and escaping attention. Item 2 is comprehending the nature of risk and its characteristics, including, where appropriate, the level of risk, called risk analysis.[32] It provides input to risk evaluation and to decisions on whether additional action is required. Risk evaluation involves comparing the results of risk analysis with the established risk criteria (the terms of reference against which the significance of risk is evaluated) defined under guidance of clause 6.3.4 of the Standard.[33] It can be undertaken with varying degree of detail (customized) and can be qualitative, semi-quantitative or quantitative or a combination thereof to determine whether the risk and/or its magnitude are acceptable or tolerable. The purpose of risk evaluation is to assist in making decisions on which risks need treatment and on the priority for treatment. It might lead to a decision to undertake further analysis or to a decision not to treat the risk in any way other than maintaining existing controls.

31 ISO 31000:2018 (clause 6.4.2)

32 ISO 31000:2018 (clause 6.4.3)

33 ISO 31000:2018 (clause 6.4.4)

In dieser EPK-Abbildung nähert sich der Kern des Risikomanagementprozesses einer Schleife (weshalb er nachfolgend als »RM-Schleife« bezeichnet wird):

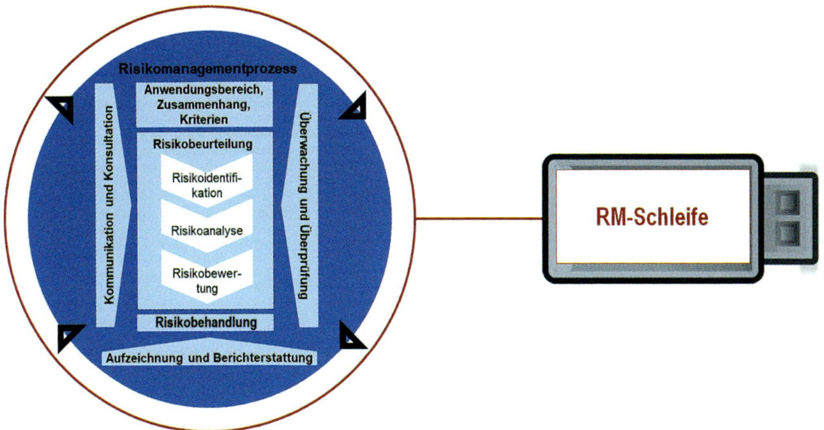

Das erste Element der Risikomanagementschleife ist die Risikoidentifikation, der Prozess, Risiko zu finden/erkennen und zu beschreiben.[31)] Das kann unter Rückgriff auf historische Daten, theoretische Analyse oder Expertenwissen erfolgen. Umfassende Identifikation ist wesentlich, da ein nicht identifiziertes Risiko nicht analysiert werden kann und unter den Tisch fällt. Danach müssen die Natur des Risikos und seine Charakteristika sowie sein Ausmaß verstanden werden, was Risikoanalyse genannt wird.[32)] Das liefert die Vorgaben für die Risikobewertung und die Entscheidung, ob weitere Schritte erforderlich sind. Die Ergebnisse der Risikoanalyse sind mit den unter Anleitung von Abschnitt 6.3.4 festgelegten Risikokriterien (den Richtlinien zur Bewertung der Bedeutung des Risikos) zu vergleichen.[33)] Der Detailgrad kann variieren (maßgeschneidert) und qualitative, semi-quantitative oder quantitative Methoden oder eine Kombination daraus können zur Entscheidung, ob ein Risiko akzeptabel oder tolerabel ist, angewendet werden. Die Entscheidung, welche Risiken mit welcher Priorität zu behandeln sind, wird unterstützt. Auch Entscheidungen zur weiteren Analyse oder dazu, das Risiko nur einer dauerhaften Überwachung zu unterziehen, wären zulässig.

31 ISO 31000:2018 (Abschnitt 6.4.2)

32 ISO 31000:2018 (Abschnitt 6.4.3)

33 ISO 31000:2018 (Abschnitt 6.4.4)

These three items together are combined in a sub-process called risk assessment. ISO/IEC 31010:2009 provides detailed guidance on risk assessment techniques beyond the simple use of check lists as mentioned in the EPC above which certainly is a first step for simple plain vanilla organizational processes. ISO/IEC 31010:2009 describes 31 techniques:

B.1 Brainstorming

B.2 Structured interviews

B.3 Delphi method

B.4 Check lists

B.5 Preliminary Hazard Analysis (PHA)

B.6 Hazard and Operability study (HAZOP)

B.7 Hazard Analysis and Critical Control Points (HACCP)

B.8 Toxicological methods

B.9 Structured What-If (SWIFT)

B.10 Scenario analysis

B.11 Business Impact Analysis (BIA)

. .

. .

. .

B.31 Multi-criteria decision analysis (MCDA)

The last item of the four items of the RM loop is called risk treatment, described in clause 6.5 of the Standard as the process to modify risk. It can involve

- avoiding the risk by deciding not to start or continue with the activity that gives rise to the risk
- taking or increasing the risk in order to pursue an opportunity
- removing the risk source
- changing the likelihood
- changing the consequences
- sharing the risk with another party or parties (including contracts and buying insurance) and
- retaining the risk by informed decision

Diese drei Elemente sind in dem Unterprozess Risikobeurteilung zusammengefasst. IEC/ISO 31010:2009 stellt eine eingehende Anleitung für Risikobeurteilungstechniken über die einfachen, oben in der EPK dargestellten Checklisten (Prüflisten) hinaus zur Verfügung. Diese sind aber schon ein guter erster Schritt für einfache Organisationsprozesse. IEC/ISO 31010 stellt 31 Methoden vor:

B.1 Brainstorming

B.2 Strukturierte Befragungen

B.3 Delphi-Methode

B.4 Prüflisten

B.5 Vorläufige Untersuchungen von Gefährdungen (PHA)

B.6 Gefährdungs- und Betreibbarkeitsuntersuchung (HAZOP)

B.7 Gefährdungsanalyse mit Kontrollen an kritischen Stellen (HACCP)

B.8 Toxikologische Risikobeurteilung

B.9 Strukturiertes »Was-Wenn«-Verfahren

B.10 Szenariumsanalyse

B.11 Analyse der geschäftlichen Auswirkungen

. .

. .

. .

B.31 Multi-Kriterien-Entscheidungsanalyse (MCDA)

Das letzte Element der RM-Schleife ist die Risikobehandlung, die in Abschnitt 6.5 der Norm als Prozess der Risikoveränderung beschrieben wird. Dazu gehören:

- Vermeidung des Risikos durch Vermeidung der risikobehafteten Aktivität
- Eingehen oder Erhöhung des Risikos zur Nutzung einer Chance
- Beseitigung der Risikoursache
- Verändern der Wahrscheinlichkeit
- Verändern der Auswirkungen
- Gemeinsames Tragen des Risikos (z. B. durch Verträge oder Versicherungen)
- Beibehaltung des Risikos auf Grundlage einer fundierten Entscheidung

Risk treatment can create new risks or produce unintended consequences. Selecting the most appropriate risk treatment option involves balancing the cost and efforts against the benefits derived. But justification for risk treatment is broader than just solely economic considerations and should take into account all of the organization's obligations (including legal, regulatory and other requirements such as social responsibility and the protection of the natural environment), voluntary commitments and stakeholder views.

Monitoring and Review, Recording and Reporting

Both monitoring and review[34] are part of the core of the risk management process as annexes to the loop and responsibilities in this respect should be clearly defined. Results should be recorded and reported as appropriate. As risk management activities should be traceable, they should be recorded taking into account the organization's needs for continuous improvement, legal, regulatory and operational needs for records and the benefits of reusing information for management purposes.[35] The organization will most certainly have general reporting requirements and they will be applicable for risk management as well. Depending on the results of risk analysis and risk evaluation there should be implemented escalation procedures to ensure that risk treatment will be aligned with top management where appropriate.

In this context it should be noted that less might be more. A highly differentiated reporting might result in confusion and a false notion of security. Risk is commonly characterized and expressed by a combination of consequences and likelihood.[36] Human factors should be considered and in this context there is a tendency of staff (and management – in particular top management) to etto (see above p. 30) and/or to underestimate risk. Therefore it is suggested to restrict the options to a four-by-four option matrix:

34 ISO 31000:2018 (clause 6.6)

35 ISO 31000:2009 (clause 5.7)

36 ISO 31000:2018 (clause 3.1, NOTE 3; for the definitions of consequence see clause 3.6 and for the definition of likelihood see clause 3.7)

Risikobehandlung kann neue Risiken schaffen oder unbeabsichtigte Auswirkungen haben. Die Auswahl der angemessenen Methode beinhaltet die Abwägung von Kosten und Nutzen, umfasst aber mehr als rein wirtschaftliche Erwägungen und sollte alle Verpflichtungen (einschließlich der rechtlichen, behördlichen und weiterer Verbindlichkeiten z. B. aus sozialer Verantwortung heraus oder aus dem Umweltschutz) und freiwilligen Zusagen der Organisation und Sichtweisen der Stakeholder berücksichtigen.

Überwachung und Überprüfung, Aufzeichnung und Berichterstattung

Überwachung und Überprüfung[34] sind Teil des Kernprozesses als Anhänge zur Schleife und die entsprechende Verantwortung muss klar definiert sein. Ergebnisse müssen in angemessener Weise aufgezeichnet und berichtet werden. Alle Schritte des Risikomanagements müssen nachvollziehbar sein und mit dem Blick auf den Bedarf an kontinuierlicher Verbesserung sowie rechtliche, behördliche und betriebliche Bedürfnisse und die Vorteile ihrer erneuten Verwendung aufgezeichnet werden.[35] Die Organisation sollte grundsätzliche Anforderungen an ihre Berichterstattung haben, die auch auf das Risikomanagement Anwendung finden. Abhängig von den Ergebnissen von Risikoanalyse und Risikobewertung sollten Eskalationsschritte implementiert werden, um die Abstimmung mit der Unternehmensleitung bei Bedarf sicherzustellen.

In diesem Zusammenhang bleibt festzuhalten, dass weniger mehr sein könnte. Eine zu differenzierte Berichterstattung kann zu Verwirrung und falschem Sicherheitsgefühl führen. Risiko wird allgemein als Kombination von Auswirkungen und Wahrscheinlichkeit beschrieben.[36] Menschliche Faktoren müssen berücksichtigt werden. In diesem Zusammenhang haben Belegschaft und Führungskräfte (insbesondere die erste Ebene) einen Hang zum ETTO-Prinzip (siehe oben S. 31) und/oder der Unterschätzung von Risiken. Daher sollte man sich auf eine Vier-mal-vier-Matrix beschränken:

34 ISO 31000:2018 (Abschnitt 6.6)

35 ISO 31000:2009 (Abschnitt 5.7)

36 ISO 31000:2018 (Abschnitt 3.1, Anmerkung 3; für die Definition der Auswirkungen siehe Abschnitt 3.6 und für die Definition der Wahrscheinlichkeit siehe Abschnitt 3.7)

Consequences ↓	≤ 1 %	≤ 5 %	≤ 20 %	> 20 %	← Likelihood
High	Moderate	Critical	Critical	Critical	≥ 33 % Ø profit
Considerable	Moderate	Moderate	Moderate	Critical	< 33 % Ø profit
Minor	Low	Low	Low	Moderate	≤ 5 % Ø profit
Marginal	Insignificant	Insignificant	Low	Low	≤ 1,000 EUR
Likelihood →	Rare	Low	Possible	High	Consequences ↑

This might seem like a very rough matrix at first glance and might need additional explanation. If the likelihood is one percent or lower the consequence is expected to become effective fewer than once every 100 years. 5 % means once every 20 years and 20 % means once every 5 years (the relevant reference parameter is based on the organization, not on a case-by-case basis). The options for the consequences should be aligned with the balance sheet and the typical profits shown by the enterprise which might be assessed by taking the average of the last three or five years and taking the planned budget into account. Of course, it has to be considered that there are consequences that should be expressed qualitatively instead of quantitatively (see definition in clause 3.6, in particular Note 2).

Auswirkungen ↓	≤ 1 %	≤ 5 %	≤ 20 %	> 20 %	← Wahrscheinlichkeit
hoch	mittel	kritisch	kritisch	kritisch	≥ 33 % Ø Gewinn
deutlich	mittel	mittel	mittel	kritisch	< 33 % Ø Gewinn
gering	niedrig	niedrig	niedrig	mittel	≤ 5 % Ø Gewinn
unbedeutend	unerheblich	unerheblich	niedrig	niedrig	≤ 1.000 EUR
Wahrscheinlichkeit →	ganz selten	selten	möglich	hoch	Auswirkungen ↑

Das mag auf den ersten Blick als sehr grobe Matrix erscheinen und daher zusätzlicher Erläuterung bedürfen. Wenn die Wahrscheinlichkeit 1 % oder niedriger ist, kann erwartet werden, dass die Auswirkung einmal alle 100 Jahre eintritt. 5 % bedeutet einmal in 20 Jahren und 20 % einmal in 5 Jahren (dieser Parameter bezieht sich auf das Unternehmen als Ganzes und nicht auf den Einzelfall). Die Möglichkeiten für die Auswirkungen sollten an die Bilanz und die typischen, über den Durchschnitt der letzten drei Jahre gerechneten Gewinne des Unternehmens unter Berücksichtigung des Planbudgets angelehnt sein. Dabei muss berücksichtigt werden, dass es Auswirkungen gibt, die qualitativ statt quantitativ ausgedrückt werden (siehe Definition in Abschnitt 3.6 der Norm, insbesondere Anmerkung 2).

Designing and Documenting the Process

The design of the process is basic business management and the organization can use any of the tools available. As it is vital to prevent the so called »not-invented-here« syndrome staff will have to be brought on board and (at least) participate in the design of the processes. Expert support is available worldwide if so desired but should be kept limited for the reason mentioned. The design-teams should decide how to document the process. Human and cultural factors should be taken into account[37] both with regard to the content and the documentation. Some staff members might be more visually focused, others more linguistically predisposed. Therefore, a combination of a graphic rendering and a textual description might be the best approach. Standard textbooks on business management will give guidance on how to design and document a process and there are multiple IT-tools available to support the endeavor.[38] In this handbook the graphic approach dominates solely to keep it short and concise.

37 ISO 31000:2018, Principle g) Human and cultural factors

38 see Herdmann, F., Henschel, Th., Praktikables Risikomanagement für KMU in Deutschland, ZRFC 2018, page 128, footnote 22

Den Prozess modellieren und dokumentieren

Die Modellierung eines Prozesses gehört zum Grundwissen eines Betriebswirtes und die Organisation kann dabei eines der auf dem Markt vorhandenen Werkzeuge verwenden. Zur Vermeidung des »not-invented-here«-Syndroms muss dabei die Belegschaft einbezogen werden und bei der Prozessentwicklung (zumindest) mitwirken. Sachkundige Unterstützung steht bei Bedarf weltweit zur Verfügung, sollte aber aus dem genannten Grund nur begrenzt zum Einsatz kommen. Die Entwicklungsteams sollten selbst entscheiden, wie der Prozess dokumentiert werden soll. Menschliche und kulturelle Faktoren sollten dabei berücksichtigt werden[37], und zwar sowohl im Zusammenhang mit dem Inhalt als auch der Dokumentation. Teile der Belegschaft sind eher visuell, andere eher linguistisch geprägt. Daher ist vermutlich eine Kombination von graphischer Darstellung und textlicher Beschreibung die beste Darstellungsweise. Die klassischen Lehrbücher zur Betriebswirtschaft zeigen, wie man bei der Prozessmodellierung und -dokumentation vorgehen kann; auch gibt es eine Anzahl von IT-Hilfsmitteln für diese Aufgabe.[38] Hier dominiert der graphische Ansatz allein, um das Handbuch kurz und prägnant zu halten.

37 ISO 31000:2018, Grundsatz g) menschliche und kulturelle Faktoren

38 vgl. Herdmann, F., Henschel, Th., Praktikables Risikomanagement für KMU in Deutschland, ZRFC 2018, S. 128, Fußnote 22

3 Implementing and Executing the RM Loop

The Loop

Implementing the RM loop requires its integration in all the organization's practices and processes.[39] To activate synergies and reduce efforts and expenses risk management and the RM loop should be considered in the context of designing and implementing the organization's core business processes. The organization might collect them in an organizational manual. As indicated, the most appropriate lay-out would be a combination of graphical display of the process with a textual description. For the graphics consider the RM loop to be used like an IT-dongle plugged into the business process to enhance it:

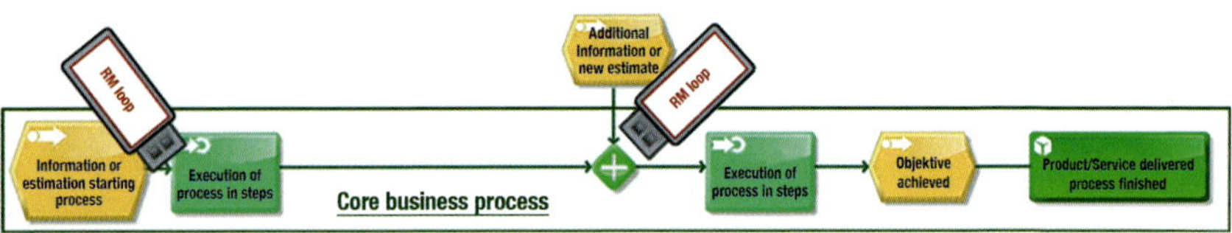

39 ISO 31000:2009 (clause 4.3.4 and clause 5.1) considering Principle b)

3 Implementierung und Anwendung der RM-Schleife

Die Schleife

Die Implementierung der RM-Schleife erfordert ihre Integration in alle Aktivitäten und Prozesse.[39] Zur Aktivierung von Synergien und Aufwands- und Kostenreduzierung sollten das Risikomanagement und die RM-Schleife bei der Geschäftsprozessmodellierung Berücksichtigung finden. Diese wird das Unternehmen in einem Organisationshandbuch zusammenstellen. Wie erläutert, sollte dabei eine Kombination von Abbildungen der Prozesse und ihrer textlichen Beschreibung zur Anwendung kommen. Für die Abbildung bietet es sich an, die RM-Schleife wie ein IT-Dongle zu verwenden und in den Prozess einzuschieben:

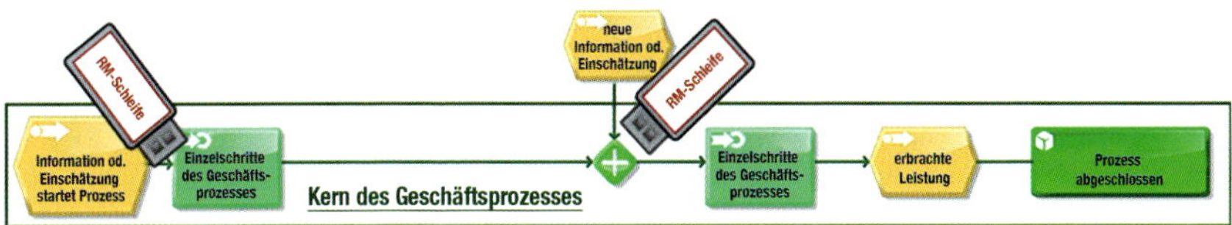

39 ISO 31000:2009 (Abschnitt 4.3.4 und Abschnitt 5.1) unter Berücksichtigung von Grundsatz b)

All necessary auxiliary means like decision matrixes, check lists, prototype letters etc. should be easily accessible for the staff in the organizational manual. In more detail, embedding the risk management process (neglecting its iterative nature) into a standard organizational process would be designed as shown in the figures following on the next double page.

Instead of starting directly with executing the first steps of the business process upon the information or estimation starting the process the task owner is advised to consider whether any uncertainty (deficiency of information or estimation) might affect the process and the achievement of its objectives. This requires clarity on the objective for the task owner who will be the risk owner for this part of the business process. The loop might be a very short loop, e.g. if no risk is identified, or a longer loop if there is a complex risk. The RM loop should be repeated whenever additional information and/or new estimation affect the business process.

The organization decides whether a process is a core process important enough to be included in the organizational manual. Has the organization grown beyond the limits of a minor company – if more than one group of employees is engaged in similar activities – this is vital for good and responsible corporate governance excluding the risk of organizational liabilities of the top management.

Alle notwendigen Hilfsmittel wie Entscheidungsmatrizen, Prüflisten, Musterschreiben etc. sollte die Belegschaft im Organisationshandbuch im schnellen Zugriff haben. Ohne Berücksichtigung seiner iterativen Natur würde die Integration des Risikomanagementprozesses in einen Geschäftsprozess wie auf der nächsten Doppelseite abgebildet aussehen.

Statt mit der den Prozess auslösenden Information oder Einschätzung gleich mit dem ersten Schritt des Geschäftsprozesses zu beginnen, sollte der Aufgabenverantwortliche prüfen, ob eine Unsicherheit (fehlerhafte Information oder Einschätzung) den Prozess und das Erreichen seiner Ziele beeinflussen könnte. Dazu ist die Kenntnis der Ziele dieses Geschäftsprozesses seitens des Aufgabenverantwortlichen erforderlich. Die Schleife kann sehr kurz sein, z.B. wenn kein Risiko identifiziert wird, oder länger, wenn ein komplexes Risiko vorliegt. Die Risikomanagementschleife sollte wiederholt werden, sobald eine neue Information und/oder Einschätzung den Geschäftsprozess betrifft.

Die Organisation entscheidet, ob ein Prozess zu ihren Kernprozessen gehört und wichtig genug ist, um in das Organisationshandbuch aufgenommen zu werden. Wenn die Organisation über die Grenzen einer Mikroorganisation hinausgewachsen ist – wenn mehrere Mitarbeitergruppen ähnliche Tätigkeiten ausführen –, ist dies die Voraussetzung für gute und verantwortungsvolle Unternehmensleitung und die Vermeidung von Haftungsrisiken aus Organisationsverschulden für die Unternehmensleitung.

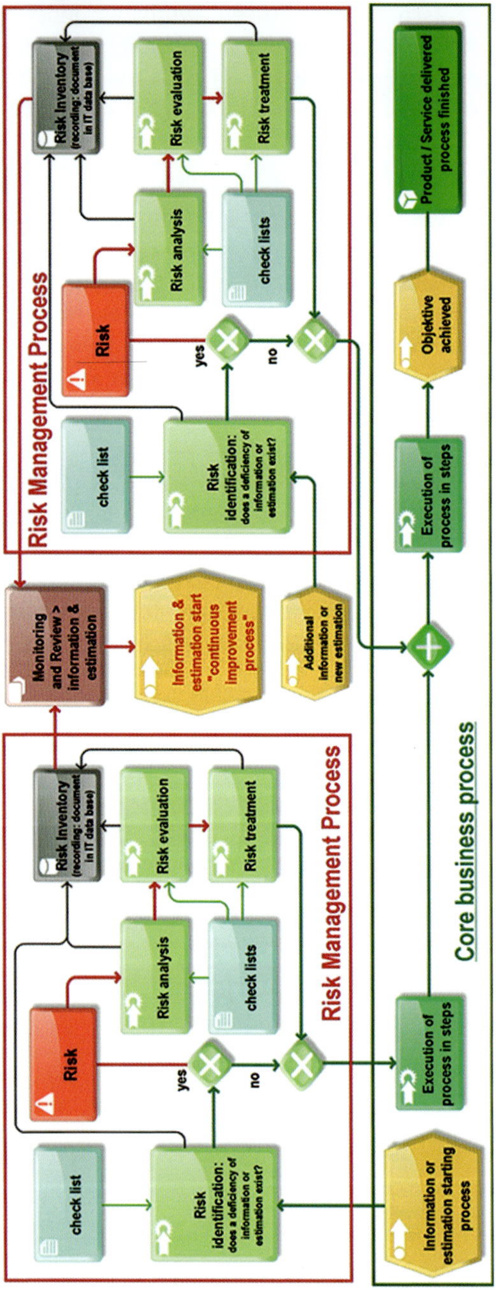

Core business process
Information or estimation starting process
Execution of process in steps
Execution of process in steps
Objektive achieved
Product / Service delivered process finished

Risk Management Process
check list
Risk identification: does a deficiency of information or estimation exist?
Risk
yes
no
Risk analysis
check lists
Risk evaluation
Risk treatment
Risk Inventory (recording: document in IT data base)

Monitoring and Review > information & estimation
Information & estimation start "continuous improvement process"
Additional information or new estimation

Risk Management Process
check list
Risk identification: does a deficiency of information or estimation exist?
Risk
yes
no
Risk analysis
check lists
Risk evaluation
Risk treatment
Risk Inventory (recording: document in IT data base)

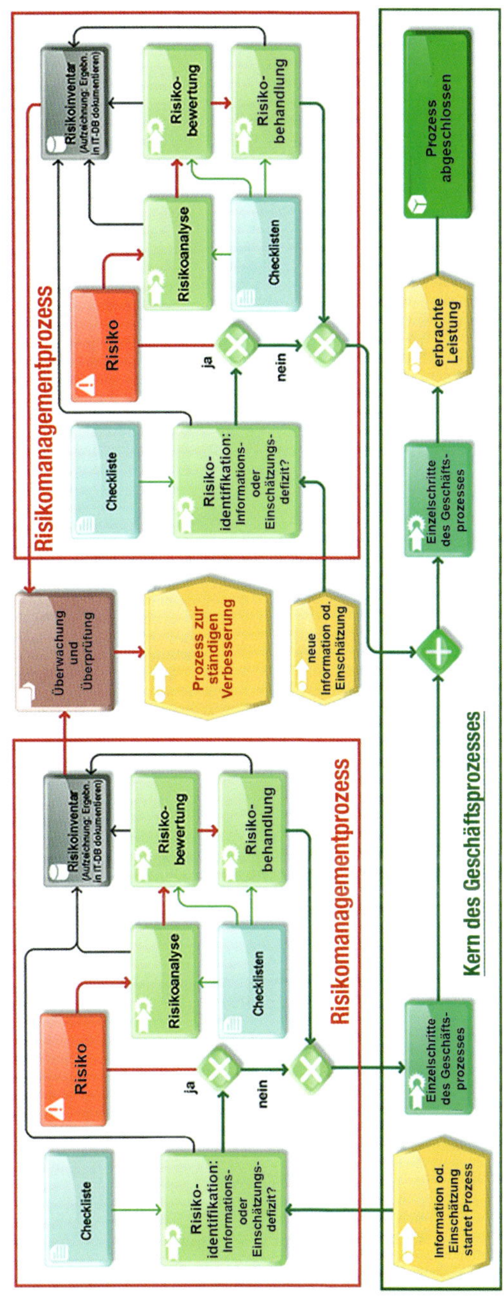
Information od. Einschätzung startet Prozess
Risikomanagementprozess
Checkliste
Risiko-identifikation: Informations- oder Einschätzungs-defizit?
Risiko
ja
nein
Risikoanalyse
Checklisten
Risiko-bewertung
Risiko-behandlung
Risikoinventar (Aufzeichnung: Ergebn. in IT-DB dokumentieren)
Einzelschritte des Geschäfts-prozesses
Kern des Geschäftsprozesses
Überwachung und Überprüfung
Prozess zur ständigen Verbesserung
neue Information od. Einschätzung
Risikomanagementprozess
Checkliste
Risiko-identifikation: Informations- oder Einschätzungs-defizit?
Risiko
ja
nein
Risikoanalyse
Checklisten
Risiko-bewertung
Risiko-behandlung
Risikoinventar (Aufzeichnung: Ergebn. in IT-DB dokumentieren)
Einzelschritte des Geschäfts-prozesses
erbrachte Leistung
Prozess abgeschlossen

Actually the items of establishing the core of the risk management process and implementing the RM loop go hand in hand as the core process loop will have to be customized when embedding it in a business process. The applicable risk assessment technology might vary from process to process – depending on the size of the organization and the complexity of the subject covered. »Depending on the complexity of the organization and/or the object of the business process« means each item of the loop in itself might be a short process with several steps tailored to the organization's needs and/or the business process embedding the RM loop.

In an initial maturity of risk management when first introducing it to the organization the simple form of the RM loop using check lists will be a giant first step starting an effective and efficient risk management. The same holds true when migrating risk management from a retroactive silo activity that is simply recording risk on a periodical basis to a proactive and integrated risk management according to the Standard.

Internal Audit

One important item will be aligning risk management with internal audit as part of integrating risk management in all its processes. Actually, this is a two-way approach also affecting planning and operations:

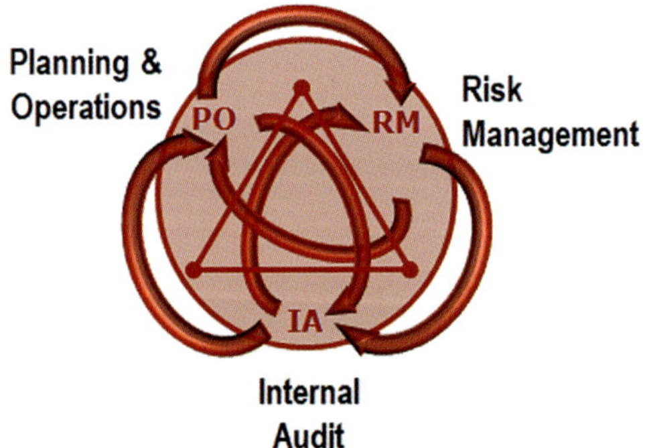

For one, Internal Audit will monitor the execution of the RM loop and all connected activities as it will monitor all business activities of the organization. On the other hand, the reported results of risk management should be the basis not only for operational (and strategic) planning but also for the periodic planning of Internal Audit. This might look complex but in effect it is simply using the risk management

Tatsächlich wird man die Modellierung des Kerns des Risikomanagementprozesses und die Implementierung der RM-Schleife zusammen vornehmen, da der Kernprozess bei der Einbettung in den Geschäftsprozess anzupassen ist. Die bei der Risikobeurteilung anzuwendende Methode kann von Prozess zu Prozess unterschiedlich sein – abhängig von der Organisationsgröße und der Komplexität des betroffenen Gegenstands. Das bedeutet, das jedes Element der Schleife wiederum ein kurzer Prozess mit mehreren an die Bedürfnisse der Organisation und/ oder den Geschäftsprozess angepassten Schritten sein kann.

Im Anfangsstadium des Risikomanagements bei erster Einführung ist die einfache Form der RM-Schleife mit Prüflisten ein gewaltiger erster Schritt, um ein wirksames und effizientes Risikomanagement aufzusetzen. Das gilt auch, wenn das Risikomanagement von einer rückwärtsgerichteten, nur periodisch Bericht erstattenden Siloaktivität zu einem proaktiven, integrierten Risikomanagement nach der Norm migriert wird.

Die Interne Revision

Ein wichtiger Schritt ist der Abgleich von Risikomanagement und Interner Revision als Teil der Integration in alle Prozesse. Tatsächlich ist dies ein wechselseitiger Ansatz, der zugleich Planung und Betrieb berührt:

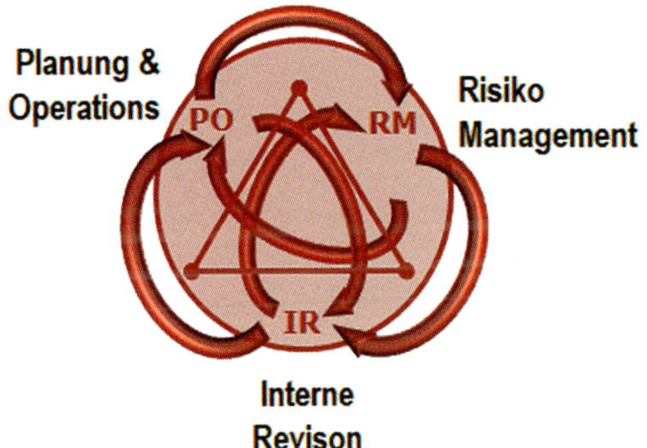

Zum einen prüft die Interne Revision die Anwendung der RM-Schleife und aller damit verbundenen Aktivitäten, da sie alle Geschäftshandlungen prüft. Andererseits sollten die Ergebnisse des Risikomanagements die Grundlage nicht nur der betrieblichen (und strategischen) Planung, sondern zugleich der Planung der Internen Revision bilden. Das sieht kompliziert aus, aber tatsächlich geht es um die einfache Anwendung der Schleife als Plug-in-Dongle wie oben beschrieben.

loop like a plug-in-dongle as described before. It boosts Internal Audit to a higher degree of maturity from a mere quantitative approach to a qualitative approach. In 2009 the Institute of Internal Auditors has investigated the role of Internal Auditing in enterprise risk management and developed the so called IIA fan[40) which can be found at the end of this handbook as an annex.

Risk Register

Monitoring, reviewing, recording and reporting serve multiple purposes. One widely used concept is the risk register.[41) There are national recording requirements or best practices for reporting and recording. Often this seems to be an insurmountable obstacle and there are two reasons for this. For one of the two there is an easy remedy: Simplify it and avoid making it too complex. The simple four-by-four matrix suggested in chapter 2 will probably be sufficient for most organizations. The other reason is more complex as the organization might have to consider taking into account a combination of risks which might require expert support.

Process of Continual Improvement

Applying the PDCA cycle the organization will improve and refine the RM loop over time and achieve higher levels of maturity of its risk management. Initially all organizations will be well advised to take recourse to Principle c)[42) as the organization's resources (including the competencies, experience and perceptions of staff) are part of the internal context. Step by step the sections of the organization customized to their capacities will improve their RM loop for example applying different and some of the more complex techniques of risk assessment described in ISO/IEC 31010:2009.

40 IAA Position Paper: The Role of Internal Auditing in Enterprize-wide Risk Management, 2009; pg. 4 (https://na.theiia.org/standards-guidance/Public%20Documents/PP%20The%20Role%20of%20Internal%20Auditing%20in%20Enterprise%20Risk%20Management.pdf)

41 ISO Guide 73:2009 (clause 3.8.2.4)

42 Customized (proportionate to the organization's external and internal context related to its objectives)

Die Interne Revision wird so auf einen höheren Reifegrad von einem einfachen quantitativen Ansatz zu einem qualitativen Ansatz gehoben. 2009 hat das Institute of Internal Auditors die Rolle der Internen Revision im betrieblichen Risikomanagement untersucht und den sogenannten IIA-Fächer[40)] entwickelt, der am Ende dieses Handbuchs im Anhang abgebildet ist.

Risikoregister

Überwachung, Überprüfung, Aufzeichnung und Berichterstattung dienen mehreren Zielen. Ein weit verbreitetes Konzept ist das Risikoverzeichnis.[41)] Nationale Aufzeichnungsvorschriften oder Best Pratices sind zu beachten. Hier scheinen sich häufig aus zwei Gründen unüberwindliche Hindernisse aufzutürmen. Eines davon kann sehr einfach beseitigt werden: Vereinfachen und zu komplexe Ansätze vermeiden. Eine einfache Vier-mal-vier-Matrix, wie sie in Kapitel 2 vorgeschlagen wurde, wird für die meisten Organisationen völlig ausreichen. Der zweite Grund ist komplexer, da die Organisation die Kombination der Risiken berücksichtigen muss, was u. U. der Unterstützung von Experten bedarf.

Kontinuierliche Verbesserung

Unter Anwendung des PDCA-Kreislaufs wird die Organisation die RM-Schleife verbessern und verfeinern und so einen höheren Reifegrad des Risikomanagements erreichen. Am Anfang sind alle Organisationen gut beraten, auf Grundsatz c)[42)] zurückzugreifen, da die Ressourcen (einschließlich Kompetenzen, Erfahrungen und Wahrnehmungen der Belegschaft) Teil des internen Kontextes sind. Schrittweise können die Teile der Organisation ihre RM-Schleife maßgeschneidert für ihre Kapazitäten verbessern und z. B. neue und komplexere Techniken für die Risikobeurteilung nach IEC/ISO 31010:2009 anwenden.

40 IAA Positionspapier: The Role of Internal Auditing in Enterprize-wide Risk Management, 2009; S. 4 (https://na.theiia.org/standards-guidance/Public%20Documents/PP%20The%20Role%20of%20Internal%20Auditing%20in%20Enterprise%20Risk%20Management.pdf)

41 ISO Guide 73:2009 (Abschnitt 3.8.2.4)

42 Maßgeschneidert (angemessen dem externen und internen Kontext sowie mit den Zielen der Organisation verbunden)

One could picture all the risk assessment tools as the keys of a piano[43]. Initially you might be able to play only one or few keys. As an advanced player you will have improved your abilities in playing the piano and use more keys:

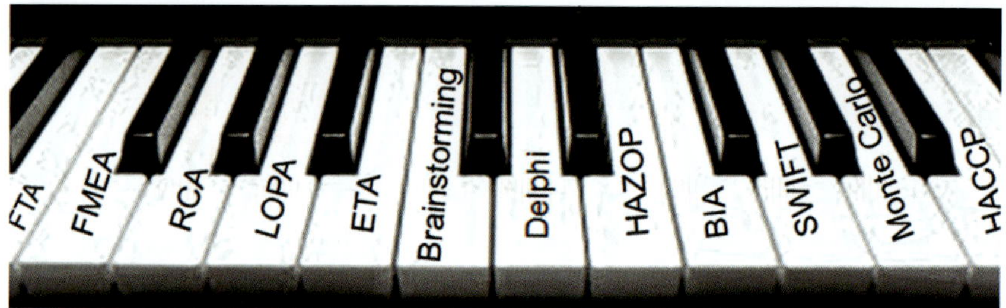

Risk management like any other skill (including playing the piano) will not »fall out of the sky« but will take training and experience (compare Gladwell's 10,000-hour rule[44]) and is open to continual improvement as envisioned by the PDCA cycle.

43 U. Weis in his presentations to students

44 Malcolm Gladwell, *Outliers. The Story of Success*, New York 2008, pgs. 38–76 explaining the 10,000-hour rule

Man kann sich alle Methoden zur Risikobeurteilung als die Tasten eines Klaviers vorstellen.[43] Am Anfang kann man nur mit einer oder einigen wenigen Tasten spielen. Als fortgeschrittener Spieler sind die Fähigkeiten des Klavierspiels deutlich besser und weitere Tasten finden Verwendung:

Risikomanagement fällt wie alle anderen Fähigkeiten (einschließlich Klavierspielen) nicht vom Himmel, sondern erfordert Training und Praxis (vergleiche Gladwells 10.000-Stunden-Regel[44]) und ist offen für kontinuierliche Verbesserung, wie der PDCA-Zyklus dies vorgibt.

43 U. Weis in seiner Präsentation für Studenten

44 Malcolm Gladwell, *Outliers. The Story of Success*, New York 2008, S. 38–76, erklärt die 10.000-Stunden-Regel

Annex: IIA fan

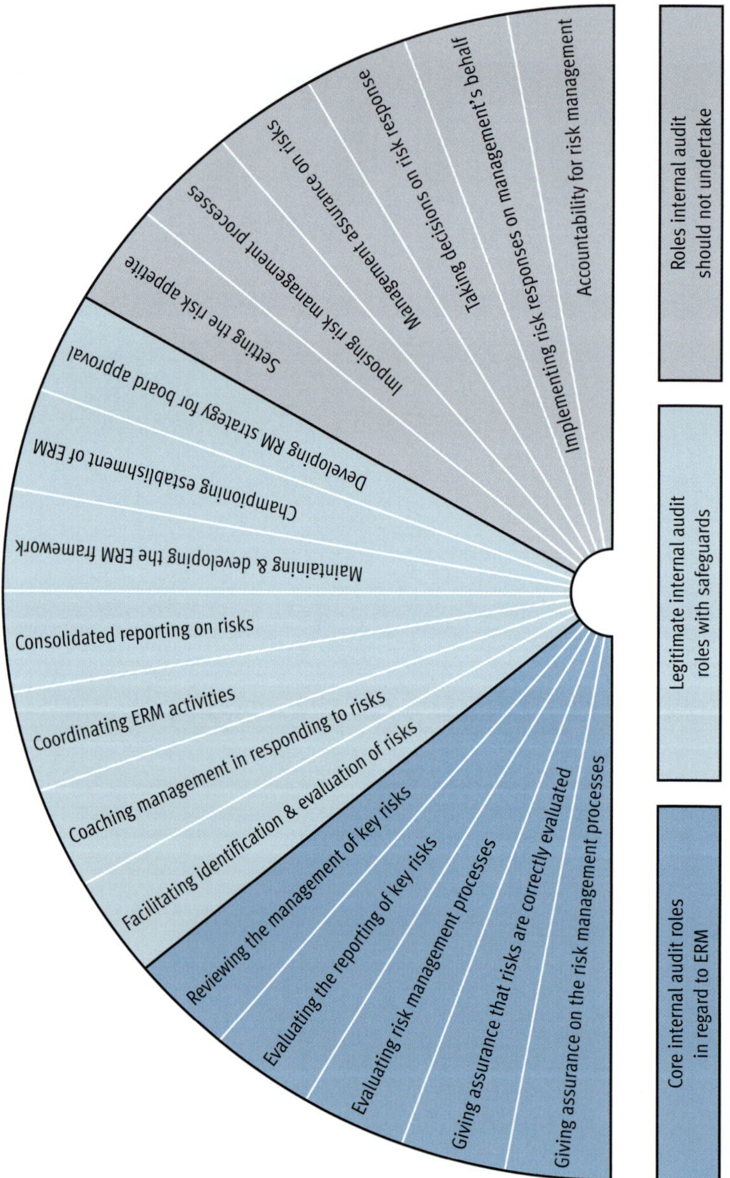

Anhang: der IIA-Fächer:

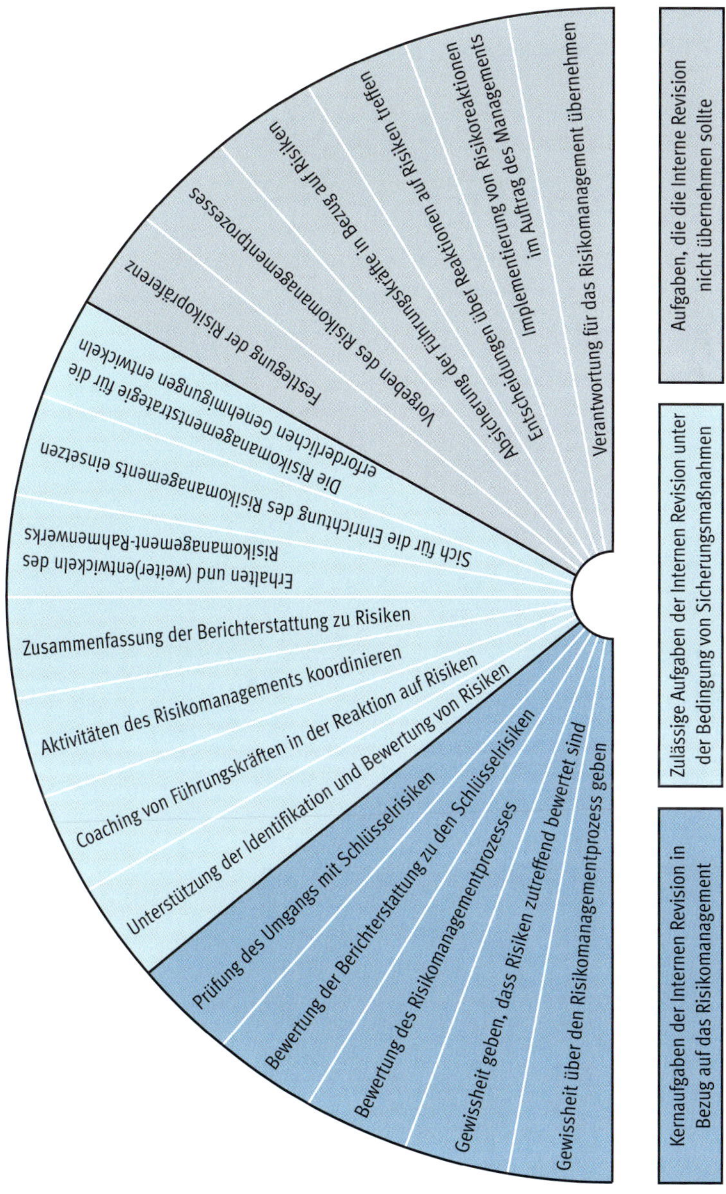

Documents and Literature/Dokumente und Literatur

ISO 31000:2009 Risk management – Principles and guidelines, Geneva 2009

ISO 31000:2018 Risk management – Guidelines, Geneva 2018

ISO Guide 73:2009 Risk Management – Vocabulary, Geneva 2009

IEC/ISO 31010:2009 Risk management – Risk assessment techniques

ISO/TR 31004:2013 Risk management – Guidance for the implementation of ISO 31000, Geneva 2013

Brühwiler, Bruno, Risikomanagement als Führungsaufgabe: ISO 31000 mit ONR 49000 wirksam umsetzen, 3rd edition, Bern 2011

Brünger, Christian, Erfolgreiches Risikomanagement mit COSO ERM, Berlin 2009

Gladwell, Malcolm, *Outliers. The Story of Success*, New York 2008

Gleißner, Werner, Grundlagen des Risikomanagements im Unternehmen, München 2011

Hollnagel, Erik, The ETTO Principle: Efficiency-Thoroughness Trade-Off: Why Things that Go Right Sometimes Go Wrong (Ashgate Publishing Group 2009 – meanwhile new edition 2012)

Keitsch, Detlef, Risikomanagement, 2nd edition, Stuttgart 2004

SA/SNZ HB 436:2013 Risk management guidelines – Companion to AS/NZ ISOP 31000:209 Australian/New Zealand Handbook, 2013

Former Website of ISO/TC 262 / Ehemalige Internetseite des ISO/TC 262: https://isotc262.org/

About the Author/Über den Verfasser

Dr. Frank Herdmann

C-level manager with a legal, financial, and operational background; demonstrated track record in generating improved efficiency and higher profit margins; educated in the US and Europe. Highly skilled at working in multiple-targeted assignments in both the public and private sector

Industry background: banking, barter trade, real estate

Consultant since 2009

Führungskraft der ersten Ebene mit Erfahrungen in rechtlichen, finanziellen und organisatorischen Bereichen; nachgewiesene Erfolge bei der Effizienzsteigerung von Unternehmen; ausgebildet in den USA und Europa. Besondere Erfahrungen mit komplexen Aufgaben sowohl im Umfeld von privaten Organisationen als auch Unternehmen der öffentlichen Hand.

Branchenhintergrund: Bankwesen, Kompensationshandel und Immobilien

Berater seit 2009

Deputy Chairman of DIN NA 175-00-04 AA, the German mirror committee of ISO/TC 262
2013–2017 Head of the German Delegation to TSO/TC 262

2015–2017 Head of ISO/TC 262 AG 1 *Communications*
Liaison representative of ISO/TC 262 to ISO/TC 292 WG 2 *Continuity and resilience*

Contact/Kontakt:

Gluckweg 10 | 12247 Berlin | Germany
Phone: +49 30 77190321
Fax: +49 30 s77190322
Mobile: +49 172 3019024
auxilium@herdmann.de
dr.herdmann@expatbiz.eu

Dr. Frank Herdmann, Rechtsanwalt
AUXILIUM MANAGEMENT SERVICE
http://herdmann.de

AUXILIUM EXPATBIZ SERVICES
http://expatbiz.eu

Acknowledgements

There are many much wiser risk management professionals who have guided me in the past through the jungle of risk management. The first being Andreas Bartels in Berlin who introduced me to risk management according to KonTraG, the German Law on Controls and Transparency in Companies making risk management mandatory for many companies in Germany in 1998. He was followed many years later by Alex Dali who introduced me to ISO 31000 which opened a new horizon for my approach to risk management. By its generic approach recommending that risk management should be customized/tailored to the organization it ensures applicability for small and midsize companies.

But most important for my training are all my colleagues in ISO/TC 262 (the ISO committee in charge of risk management) and in DIN NA 175-00-04 AA (the German mirror committee to TC 262) who in endless discussions have sharpened my (sometimes critical) view on risk management and ISO 31000 in particular. Actually we are dealing with one of the fundamental problems in business economics which is planning under uncertainty. As late as in the 1970s the guidance given was to keep all plans flexible to be easily able to react to the unforeseen. Now, while this is probably still very good advice, ISO 31000 is at least one step ahead. Amongst my colleagues I would like to mention Ecki Bauer, Bruno Brühwiler, Roger Estall, Andrea Franz, Julia Graham, Wilfried Hinrichs, Corado Mattiuzzo, Steve O'Brien, Michael Parkinson, Stefan Tangen and Udo Weis as those that have impressed me most. Also, my discussions with Prof. Dr. Thomas Henschel, MBA of HTW in Berlin and his students has improved my access to risk management. I'm grateful to him as he invited me as a guest speaker to his classes on Compliance and Risk Management.

Last but certainly not least, I want to mention and to thank Kevin W. Knight, AM, the former chairman of ISO/TC 262 who like the living encyclopedia of risk management has inspired me and given me valuable guidance whenever solicited. He also critically reviewed the first version of this document before I dared to consider publishing it for which I'm more than grateful to him.

Berlin in August 2018
Frank Herdmann

Danksagung

Es gibt viele Experten, die mich in der Vergangenheit durch den Irrgarten des Risikomanagements geleitet haben. Der erste war Andreas Bartels in Berlin, der mich in das Risikomanagement nach KonTraG (das Gesetz zur Kontrolle und Transparenz im Unternehmensbereich) einführte, nachdem Risikomanagement für viele Unternehmen in Deutschland 1998 notwendig wurde. Ihm folgte viele Jahre später Alex Dali, der mir die ISO 31000 vorstellte und mir damit neue Horizonte für meinen Risikomanagementansatz eröffnete. Durch den generischen Ansatz und die Empfehlung, dass Risikomanagement für die Organisation maßgeschneidert sein solle, wird die Anwendbarkeit für KMU sichergestellt.

Aber viel wichtiger für mein Fachwissen sind alle meine Kollegen im ISO/TC 262 (das für Risikomanagement verantwortliche technische Komitee) und im DIN NA 175-00-04 AA (dem deutschen Spiegelgremium zum TC 262), die in endlosen Diskussionen meinen (zum Teil kritischen) Blick auf das Risikomanagement und insbesondere die ISO 31000 geschärft haben. Tatsächlich haben wir es mit einem der fundamentalen Themen der Betriebswirtschaftslehre zu tun, nämlich der Planung unter Ungewissheit. Bis in die 1970er Jahre lautete die Empfehlung, alle Planung flexibel zu halten, damit man schnell auf Unvorhergesehenes reagieren könne. Während das vermutlich immer noch ein guter Rat ist, ist die ISO 31000 inzwischen zumindest einen Schritt weiter. Von den Kollegen und Kolleginnen möchte ich gerne Ecki Bauer, Bruno Brühwiler, Roger Estall, Andrea Franz, Julia Graham, Wilfried Hinrichs, Corado Mattiuzzo, Steve O'Brien, Michael Parkinson, Stefan Tangen und Udo Weis ausdrücklich als diejenigen nennen, die mich am meisten beeindruckt haben. Zudem haben die Diskussionen mit Prof. Dr. Thomas Henschel, MBA von der HTW in Berlin und seinen Studenten meinen Zugang zum Risikomanagement verbessert. Ich bin ihm dankbar, da er mich als Gast-Redner in sein Seminar zu Compliance und Risikomanagement eingeladen hat.

Nicht zuletzt will ich Kevin W. Knight, AM danken. Er war der langjährige Vorsitzende des ISO/TC 262, der mich wie ein lebendiges Lexikon des Risikomanagements inspiriert hat und mir immer auf Nachfrage mit Rat zur Seite stand. Er hat auch die erste Fassung dieser Broschüre kritisch durchgesehen, bevor ich mich getraut habe, über ihre Veröffentlichung nachzudenken. Dafür bin ich ihm äußerst dankbar.

Berlin im August 2018,
Frank Herdmann

Index

Stichwortverzeichnis

I

K

M

N

O

P

R

Inserentenverzeichnis

Die inserierenden Firmen und die Aussagen in Inseraten stehen nicht notwendigerweise in einem Zusammenhang mit den in diesem Buch abgedruckten Normen. Aus dem Nebeneinander von Inseraten und redaktionellem Teil kann weder auf die Normgerechtheit der beworbenen Produkte oder Verfahren geschlossen werden, noch stehen die Inserenten notwendigerweise in einem besonderen Zusammenhang mit den wiedergegebenen Normen. Die Inserenten dieses Buches müssen auch nicht Mitarbeiter eines Normenausschusses oder Mitglied des DIN sein. Inhalt und Gestaltung der Inserate liegen außerhalb der Verantwortung des DIN.

Zuschriften bezüglich des Anzeigenteils werden erbeten an:

Beuth Verlag GmbH
Anzeigenverwaltung
Am DIN-Platz
Burggrafenstraße 6
10787 Berlin